如何训练明星狗

北京·旅游教育出版社 时尚 TRENDS

如何训练明星狗

（英）格温·贝利　著

张立华　杜晶　高兰凤　译

伦敦，纽约
墨尔本，慕尼黑和德里

Original Title : Training Your Superdog
Copyright © 2009 Dorling Kindersley Limited, London

北京市版权局著作权合同登记图字：01-2012-2397
策　　划：丁海秀　安颖侠
责任编辑：张　娟
特约编辑：王春泓
翻　　译：张立华　杜晶　高兰凤

图书在版编目（CIP）数据

如何训练明星狗 ／（英）贝利著；张立华等译. --
北京：旅游教育出版社，2013.2
ISBN 978-7-5637-2515-1

Ⅰ. ①如... Ⅱ. ①贝...①张... Ⅲ. ①犬—驯养
Ⅳ. ①S829.2

中国版本图书馆CIP数据核字（2012）第258447号

如何训练明星狗

（英）格温·贝利　著

张立华　杜晶　高兰凤　译

策划引进：北京时尚博闻图书有限公司
网　　址：book.trends.com.cn
出版单位：旅游教育出版社
地　　址：北京市朝阳区定福庄南里1号
邮　　编：100024
发行电话：（010）65778403 65728372
　　　　　65767462（传真）
本社网址：www.tepcb.com
E-mail：tepfx@163.com
印刷单位：北京利丰雅高长城印刷有限公司
经销单位：新华书店
开　　本：889mm×1194mm　1/16
印　　张：15.75
字　　数：174千字
版　　次：2013年2月第1版
印　　次：2013年2月第1次印刷
印　　数：1-10000册
定　　价：55.00元

（图书如有装订差错请与发行部联系）

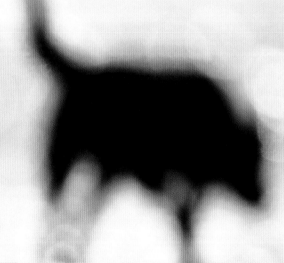

目　录

△ **怀抱未来**
活泼可爱的小狗狗总会带给人许多的快乐。但也需要我们付出很多的耐心，因为在幼年时期养成的习惯将会伴随它们的一生，主人就是它们成长中不可或缺的良师益友。

▽ **亲密关系的建立**
狗狗是以爱、信任和尊重为基础的群居动物，要和你的狗狗建立起这种关系，训练必不可少哦。

△ **基础课程**
训练你的狗狗能够听懂回来和坐下的指令。牵狗散步时，绳子牵得松一些，这样会使狗狗更加的舒适。

导读

拥有一个快乐、活泼、温顺的狗狗，不到处乱跑、扑人，最好还能洞悉主人的每一个想法，这是许多主人的梦想。

当然，你的狗狗也可以做到这些，只不过需要你有相关的知识并做出努力。这本书就能为你提供需要的知识。犬类属于活跃且有思考力的动物，能够接受训练并养成良好习惯。你所要做的就是知道训练的方法。在这本书里，你将会找到所有必要的信息。

不论你是否已经养狗，还是即将迎来一条成年犬或幼犬，这本书都将帮助你挖掘出狗狗的最大潜能，使你和狗狗都能获得最大的帮助。正如汽车或洗衣机的使用说明一样，本书就是为你提供最完整的驯狗指南。这听起来似乎有点难，别担心，本书会为你先提供一些浅显的训练知识，当你的训练技巧逐步提升后，再增强训练的难度。

此外，本书将为你讲述如何在爱和尊重的基础上与你亲爱的狗狗建立良好关系。并且还将为你提供发展狗狗技能的必要指导。

∨ **聪明的狗狗**

教你的狗狗找到丢失的钥匙需要耐心和技巧，但对于狗狗惊人的嗅觉来说这是较容易完成的训练。

∨ **令狗狗满意的生活**

一条狗狗在获得身心满足后会快乐而放松。心满意足的生活可以使狗狗活得更健康快乐。

△ **关系的确立**

引导和尊重是主人与狗狗关系确立的关键因素。尊重不是由恐吓获得的，而是通过对事件的控制和做出正确的决定赢得的。

　　了解狗狗的需求和能力，会使你的训练更容易。如果你想做一个好的主人和训导者，你就要了解狗狗是如何思考的，它喜欢什么，它所希望得到的奖励是什么，以及什么情况下能使它获得满足感，这些都是非常重要的内容。

　　如果你目前还没有养狗，这本书会帮助你挑选一条适合你生活方式的狗狗。如果你已拥有了一条狗狗，你也会通过本书了解你的狗狗属于什么样的类型，进而帮助你用适当的方法去训练它。这些知识都会有助于你用适合的方式去训导它们。

　　到目前为止，惩罚式的训练方式还一直普遍用于狗狗训练中。这不仅令许多待狗狗如伙伴的主人难以接受，还致使狗狗与主人之间产生的仅仅是一种单向的关系，而且训练出的狗狗具有怕羞、焦虑、叛逆等特点。

　　幸运的是，现在也有许多积极的方式可以被狗狗的主人利用。这本书将会教给你从基础到较高难度的新的训练方式，让你逐步提升训练技巧。另外，我们还将与你分享所有有利于驯狗成

△ **快乐时光**
有趣的游戏和训练在使你的狗狗精神
能量获得释放的同时，也让你和你的朋
友的相处时光变得更加快乐有趣。

△ **释放能量**
狗狗喜欢玩耍。主人为狗狗提供玩具作为放
松的一种方式是很必要的。这样有利于消耗
掉它们过剩的精力。

功的那些鲜为人知的秘诀。

　　一旦狗狗有了良好的行为基础且经过了基本
的训练后，本书所提供的理念会吸引你进一步参与
到狗狗的活动和训练中。万一出了差错怎么办？问
题综合解决篇会对一些常见的困难提供解决方案，
使训练回归正轨。

　　狗狗没有像人类那样复杂的思维，它们最吸引
人类的就是可爱、天真和不虚伪的精神品质。不过
也正是因为它们无法深入地思考，才使得狗狗与主
人的关系变得很脆弱。

　　我们是狗狗的主人和依靠，所以，狗狗所有
的需求都要完全依赖于我们。基于此，我们更应尽
我们所能，了解狗狗所需要的一切并给予它们。本
书会详细地为你阐述，狗狗是怎么做的，为什么这
么做以及做了什么。而你所要做的就是：如何运用
这些知识，让狗狗心甘情愿地做你想要它完成的事
情。这样你和你的狗狗都会受益匪浅。此外，如果
你认真地按书中提供的信息进行训练，势必会最大
限度地挖掘狗狗的潜能。让你的狗狗在任何一个地
方都会成为让你骄傲并且快乐活泼的超级狗狗！

▽ **自制力培养**

学会等待对于狗狗来说是非常重要的课程。与学会自控的狗狗生活在一起是令人非常愉快的事情。

▽ **合作的伙伴**

与狗狗建立一种强有力的工作关系，教会它们理解各种动作，会使你获得一个易于合作的伙伴和朋友。

△ **体育活动**

运动对于狗狗和主人都是很享受的过程。不仅会遇到新技能的挑战，还能让你结识新的朋友。

格温·贝利（Gwen Bailey）女士是国际知名的犬类行为专家和训导师。她在世界范围内演讲，是许多有关犬行为最畅销书籍的作者，还是宠物行为顾问协会（the Association of Pet Behaviour Counsellors）的长期会员；此外，作为动物行为研究的创始人，格温·贝利为英国领先于世界的动物福利慈善事业工作了12年。在这段时间里，她救助了成千上万条狗狗并且培养了它们的良好行为。同时，她还建立了著名的幼犬学校（Puppy School），专门为英国的小狗宝宝提供网络培训课程。另外，格温·贝利还是巴特西犬猫之家收容中心的委托人（Trustee for Battersea Dogs and Cats Home）。

适合
你的狗狗

选择一条狗狗

1

选择一条狗狗

一条新狗狗的到来常常会让人**激动不已**。我们通常都倾向于选择那种看起来熟悉、有吸引力的狗狗，却不管它们是否适合自己。作出**正确选择**是有可能的，但你需要花些时间来考虑狗狗的**气质特点**，然后仔细想想，什么样的狗狗适合自己的个性。本节将会帮助你做到这一点，并为你梳理为什么**不同品种**的狗狗有着**不同的行为特征**以及身型，这样你就可以找到**适合你**的那一条狗狗。此外，还**可以帮你确定**最适合你的是**狗宝宝**还是**成年狗狗**。

活泼的狗狗
如果你挑选的是一条充满活力的狗狗，并且想要与狗狗过一种愉快的生活的话，那你可要做好准备喽。

挑选一条狗狗

在挑选一条狗狗之前请认真地考虑一下你的期望和要求，这会有助于你选择一个既符合你的性情，又易于融入你的日常工作和生活的狗狗。

评价你的生活方式

狗狗的外形和大小各不相同，并且还有众多的品种和不同性格的狗可供选择。为了便于挑选，请仔细考虑一下你以及家人真正需要的是什么类型的狗狗。

开始选择之前，根据你的需要请考虑以下问题：

你有多少时间？

如实地考虑你是否有足够的时间和狗狗做游戏、锻炼、培养和关爱它，并且还要有更多打扫房间的时间，因为即使最干净的狗狗也会带来污垢和混乱。你每天有足够的时间吗？

你能在家里待多长时间？

如果你把平均每周在家的时间加在一起，你可能会发现你的生活方式并不适合养狗狗，因为你没有那么多的时间陪伴它。

你能为狗狗花多少钱？

大型犬要比小狗狗更费钱，但所有的狗狗都需要宠物专家的照顾和健康保险，一些宠物保险公司还会以非纯种犬来降低保险

△ **充满活力的狗狗**
狗狗天生具有旺盛的精力，需要精力充沛的主人起与它们享受日常的运动。足量的运动可使你的获得满足。

◁ **快乐的家庭**
西班牙猎犬等犬类属于有趣、合群的狗狗，它们爱玩耍。选择一条适合的狗狗，不仅会使它们更地融入你的家庭，符合你的期望，还会使你和你人的生活充满快乐和满足。

理赔。狗狗需要经常去美容院进行美容和护理。你能为狗狗支付这些开销吗？

狗狗每天都需要锻炼。

你很活泼么？

如果你觉得在傍晚或周末坐在沙发上看电视是最让你喜欢的放松方式，那么拥有一条精力充沛的狗狗，可能就不是一个明智的决定。因为所有的

你理想的狗狗是什么样？

一旦你决定了想要的狗狗类型，挑选狗狗就变得很容易。弄清不同品种狗狗的生理特点，然后结合你的自身条件和性格特征来评价它是否适合你。注意喽，一定要对这些问题深入研究之后，再作出决定。

通过狗狗的性格特征选择

许多人仅仅通过一些狗狗品种的宣传品或资料来挑选狗狗。而有些人仅仅是因为这条狗狗是常见的，与以前养的狗狗相似，或者还有人觉得狗狗长得与自己有些许相似就选定了。只看外表不考虑行为和性格特征是错误的挑选方式，这可能会造成主人与狗格格不入的后果。因此，通过狗狗的性格特征进行挑选是一个较好的方式哦。

"为使选择的过程变得轻松，请结合你和家人的需求来选择合适的狗狗。"

狗狗需要与其他人友好相处吗？

如果你有婴儿（或将来想要一个孩子）、孩子、老人或其他的狗狗及小宠物的话，一条新狗狗的到来，会对家里的每个人产生影响。它必须有和其他人相处的能力。此外，还要考虑狗狗的到来对现有关系的影响。

成年狗狗或者是小狗狗？

你还得决定选择一条成年狗狗还是小狗狗。小狗狗还没有养成任何习惯，很容易按照你的方式生活，但你要确保你所挑选的狗狗要健康、合群并且有优良的血统。小狗狗很可爱，但它们需要一段时间的教导和训练，需要在它

们接受教导的最佳时期（即饲养的第一年）花费大量的精力，使它们成为你所期望的样子。成年犬的性格习惯已经形成，家居训练、咀嚼和早期教育都已完成。它们已经成熟，你看到的就是它们日常的样子，虽然它们也会适应你的生活方式，但毕竟已经接受过常规的训练，所以在决定挑选之前，你必须花些时间去了解它们。

◁ 耗时
小狗狗特别讨人喜欢，但在长大前，它们需要主人费尽心思地照顾，这些包括基本的社会活动、训练、教导和陪伴。所以，有足够时间的你，才可能考虑饲养宠物。

哪里可以找到适合你的狗狗

许多地方可以买到成年狗狗和小狗狗，但不一定可靠。所以，为了你和你的家人能挑选一个健康、性情适合的狗狗就要确保来源的可靠性。

寻找适合的狗狗需要时间，并且需要仔细地辨别。你可能很容易喜欢上第一眼看上的狗狗，但要避免作出草率的决定：因为一旦做出选择，你就会与它一起生活很多年，所以，花点耐心并坚持找到最适合你的狗狗是很值得的。

成年狗狗

成年狗狗的最佳来源是一家声誉卓著的救援中心，那里收养的狗狗都有可靠的认定。认定是一件困难的工作，因为狗狗在狗舍里与家中并不完全相同，你必须预测它们在家中的样子。

与狗舍饲养方式不同，一些救援中心会将狗狗分配给看护人临时看护。这些临时主人会了解到许多狗狗在家里的情况。通过他们，你通常会获得一个清晰的图像，这样有利于勾画出与狗狗今后生活在一起的场景。

同时，救援组织也提供纯种和混血品种的狗狗，而专业救援中心只提供单一的品种。如果你能确定需要的品种，这里也是一个不错的选择。

成年狗狗饲养者有时会登育种广告。当心，配种是很少有成功的。不要购买登在报纸广告上的成年狗，因为你对它不够

▽ **去了解它**
在救援中心，多花些时间去了解新狗狗再做决定。因为这样你才能确定它是否是你想要的狗狗。

△ **适合的狗狗**
一家好的救援中心会在狗狗被领养之前对狗狗进行认定，这不但使你更容易选择一个适合你的狗狗，而且使你的决定看起来也不那么草率。

▷ **做好心理准备**
在成为狗狗的主人之前，你还要耐心地接受救援中心的评定。通常，它们都会与你的家人见面，问一些私人问题，诸如家庭、工作和生活方式等。

△ **良好的环境**
你一定要去看看狗宝宝与妈妈相处的情况，看看狗宝宝的妈妈是否友好。"狗舍"要干净，"便溺的地方"要够大，并有报纸铺垫。

▷ **看见你很开心**
合群的狗宝宝应该会对陌生人很感兴趣，见到陌生人很开心。如果它见到你就很紧张或跑掉了，或者和它的同伴追逐嬉戏而不理你就不要选择这条狗狗。

了解。在你还不了解狗狗的真实情况时，卖家就会催促你马上领走狗狗。

狗宝宝

要想找到一个能提供健康、合群并且温顺的狗宝宝的卖家不是一件容易的事情。首选要考察卖家是否可靠，如果你不喜欢你看到的狗狗，就立刻离开。此外，还要确保狗宝宝就是在这里出生的，而不是从其他什么地方运来的。

理想的卖家能够为他的狗狗提供所有必要的健康测试证明。

尽量不要购买群居的狗狗，因为许多狗狗养在一起时，进行训导几乎是不可能的事情。最好还是选择在家中蓄养的狗狗。

"耐心坚持下去，直到找到你想要的狗狗。"

为以后能成为有良好适应能力的狗狗，就必须接受合群和习惯养成的训练。选择那个对你感兴趣，跟你打招呼的狗宝宝。

购买狗狗小贴士

不要选择那些没有看见狗狗饲养环境和它们妈妈的狗狗，并且，最好不要选择被饲养在狗舍、仓房、屋外、马厩等地方的狗宝宝。尽量选择在宠物店里购买狗狗，不要选择路边交易。另外，购买狗狗最好到狗场去买，不要在批发商那儿挑选，因为它们的狗狗就是来自于狗场。挑选狗狗时，即使有的狗宝宝看似很正常，但也有可能不健康或者行为有怪癖。

狼性的内在

　　家犬是苍狼（灰狼）的后代。虽然它们已与祖先有很大不同，但在其遗传基因中仍保留有许多原始狼的习性，不过，通过选育，也强化了那些对我们人类有用的特性。

团队合作

　　灰狼是宠物狗和工作犬的祖先，现已演变成合作狩猎的大型狩猎者。虽然它们也捕捉小动物，像老鼠、兔子和鱼类，但更能通过群体狩猎去共同捕杀大型猎物，如鹿、驯鹿、麋鹿和驼鹿等。

　　为了集体狩猎，它们生活在一起，彼此间保持着密切的关系。这种群居合作的特性，使得家犬能够成功地胜任宠物狗和工作犬的角色。

狼演化成狗

　　关于狼的演化有很多传说。其中最可信的是由于狼群生活在人类的周边，徘徊在村落周围的废墟上，经过多年的进化而演变成了狗。那些生活在人类周围，

▷ **狗的祖先**
聪明且足智多谋的灰狼尽管与家犬有太多不同，但我们的宠物依然传承了其祖先的许多优良特性。

追踪

瞭望

追逐

"生活在人烟稀少的废弃村落的狼，经过数代进化成狗。"

具有最令人恐惧基因的灰狼，逐渐演化成为一个独特的物种。它们与当今许多国家村落周边仍可以见到的土狗颇为类似。

选择性繁殖

通过运用选择性繁殖技术，我们已经通过最初的土狗逐渐培育出了不同类型和品种的犬类。根据人类的需要，通过育种来选择它们的特定性状。为了使它们具有特定的基因，育种员根据狩猎需要挑选排序出不同狗狗的适合基因（如下）。例如，为培育出高效捕杀有害动物的狗狗，要根据"捕杀"需求筛选出擅长"捕杀"的狗狗；为培育良好的牧羊犬，就要挑选出喜欢追逐但无强烈捕杀愿望的狗狗。

同样，根据狗狗的不同行为特征，育种者繁育的狗狗有不同的体态和身型。强健有力的大型犬被用做守卫家园的家畜，所

▷▽ **不同的身型**
家犬看起来似乎与它们的祖先不同，行为也是如此。它们因适应工作和繁衍的需要而演变出各种形状、大小、颜色和毛皮的狗狗。同样，它们的性格特征和行为也有明显的区别。

以，要挑选最大型的狗狗作为育种对象。相反，小巧可爱的狗狗被训导成为我们人类的伴侣犬。最近，狗展以及大量涌现的宠物狗，不断地诱使人们依据狗狗外貌来挑选狗狗。这也致使许多饲养员繁育的狗狗，仅仅是为了参

加选秀。在比赛中获奖的狗狗通常是该品种的典型——因为血统鉴定委员会依据的就是狗狗的性格特征进行随机抽选。

◁ **捕猎佼佼者**
狼需要捕杀猎物来求得生存。这些行为被强化进而用于繁殖不同品种的工作犬。

| 捕获 | 猎杀 | 享用 |

品种及分类

　　追溯狗狗的品种发展，可以溯源到它们的祖先，找出哪些能力是这种狗狗最初具有的。这样我们就能够根据预期目的来给狗狗分类。

　　以下的分类有助于区分每一种狗狗具有的共同行为特征，便于对狗狗进行选择性的繁殖，也是为了使它们能够更擅长它们的工作。作为宠物饲养的狗狗具有适应家庭生活的习性，它们所遇到的问题也颇为相似，这有助于我们选择最适合与我们生活的狗狗。由于繁殖甄选使得选择性更为明确，基因库也就变得更小，这导致狗狗产生了许多遗传性疾病。在购买小狗时，仔细检查健康证和血统，才能确保你的小狗狗能拥有健康美好的生活。

寻回犬

　　繁育这种狗狗是为了帮助猎人在旷野里打猎。它们的特性就是喜欢搜寻猎物。此外，它们也可作为宠物来饲养，但是其庞大的身型和旺盛的精力不太适合那些没有相同兴趣爱好的主人。

金毛寻回犬

猎犬类

　　主要用于捕杀，性格固执且好动。因体型小巧可以作为宠物蓄养，但主人应知晓这种狗狗有攻击小动物的习性。因其有攻击性，就需要良好的早期教导。这类狗狗聪明、忠诚，是优秀的看门犬。

杰克拉赛尔

牧羊犬

　　牧羊犬分为两种：较知名的和不太知名的牧羊犬。牧羊犬精力旺盛，喜欢追逐。经专门培育后的牧羊犬较传统犬工作能力更强，跟主人的关系也更为亲近。这种狗狗和羊群居住在一起，和羊群有较好的关系并具有很好的防护能力。

边境牧羊犬

伴侣犬

　　历代都作为宠物蓄养。性情乖巧温顺，因体型小巧而易于饲养，种类较少。最初是被作为看门犬或其他类型的工作犬。

吉娃娃

狩猎犬

　　狩猎犬分为两类：视觉猎犬和嗅觉猎犬。尽管它们友善随和，但是并不易接触。这样的狗狗可能会在散步时引起麻烦，因为它们依然保有强烈的狩猎欲望。

比格犬

其他类型的工作犬

　　还有一些其他用途的狗狗，如看守、拉雪橇及搏斗犬等。每种狗狗都有它自己的职业特性。所以，在购买之前，要仔细考察狗狗的品性是否适合作为你的宠物。

圣伯纳德狗

马车护卫犬

斑点狗（Dalmatians）跟随在马车的前后奔跑，俨然已经成为当下的一种时尚。如果是出于这样的目的，这种狗狗的训练还是很简单的。

小型犬

大多数小型犬容易清洁打理，食量小且花费少，和大型犬相比它们所需的运动量也较小。不过，虽然它们身型小巧，却可能有大脾气哦。

小型犬适合生活空间较小或居住在城市里的人们，而且它们不需要主人每天花费数小时陪它们锻炼。但这并不代表它们不需

◁ 达克斯猎犬
达克斯猎犬用打滚的方式以示屈服，来战胜比自己大的狗狗，这个策略确实有效，高大或鲁莽的狗狗就不会对它构成威胁。

要锻炼和关爱，只是跟大型犬类相比，会省事不少。这些狗狗娇小又勇敢，深得人们的喜爱。但也会因为过于勇敢而易使自己陷入困境，所以主人要使它们远离可能使它们受到伤害的大狗狗。如果它们驯化得较好的话，也可

◁ 甜美而又富有活力
西高地白猎犬就是这种外表柔弱但内心强大的狗狗。它看起来柔美可爱但的确具有坚强的品性。

以很好地把控自己，和大狗狗和平相处。小狗狗在跟主人玩耍的同时，主人也不要忘记满足它们社会交往的需求，让它们多多地与其他狗狗接触。

吉娃娃

大小	1~3公斤(2~7磅)，15~23厘米(6~9英寸)
性格特征	活泼、好动、忠诚
运动量	小
美容需求	少

早在9世纪，这种活泼狗狗的祖先就生活在墨西哥（Mexico）。它的祖先最可能是一种叫作太吉（Techchi）的原产自托尔特克文明的狗狗。无毛基因的引入使得现在的吉娃娃比其祖先要小巧。吉娃娃是世界上最小的狗，分长毛和短毛两个品种。由于身型小巧，所以容易受伤。它们不适合粗心的主人或有幼儿的家庭。因为它们生活在"巨人"的世界里，所以需要良好的早期教育以免受到伤害。

大而直立的耳朵

短毛吉娃娃

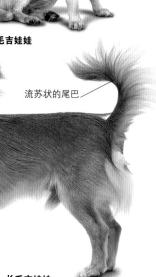

流苏状的尾巴

长毛吉娃娃

玛尔济斯犬

大小	2~3公斤(4~7磅)，20~25厘米(8~10英寸)
性格特征	友善、有趣可爱并且爱玩
运动量	小
美容需求	每天梳理毛发且定期修剪

原产自马耳他（Malta）岛的古老犬种，这些小狗狗历代都是作为伴侣犬来饲养的。对于喜欢为它们打理毛发的主人来说，是一个理想的选择。玛尔济斯犬需要定期去美容沙龙，头上的毛毛必须修剪或梳起来才能使它露出眼睛。

约克郡犬

大小 1~3公斤（2~6磅），16~22厘米（6~9英寸）

性格特征 活泼，好动，勇敢

运动量 小到中度

美容需求 每天梳理毛发且定期修剪

这种狗狗起源于19世纪的约克郡（Yorkshire），被大量繁育用来帮助工人捕杀老鼠。这类犬的特性十分明显，当受到威胁时，它们就会撕去温和的面纱，让它们的主人感到十分震惊。约克郡犬需要大量的早期训导来使它们能够和周边环境友善和睦地相处，以防止它们因过于保护主人而引起不必要的麻烦。它们眼睛周围的毛发必须及时修剪或梳理，才不至于挡住眼睛。

△ **精力充沛的狗狗**

即使约克郡犬小巧活泼，它们也需要自由地跑跳和玩耍，特别是在它们幼年的时候。

玩具贵宾犬

大小 1~3公斤（2~6磅），16~22厘米（6~9英寸）

性格特征 聪明、善良且活泼好动

运动量 中度

美容需求 每天梳理毛发且定期修剪

玩具贵宾犬是贵宾犬中体型最小的，它以擅长水中捕猎而著称。贵宾犬是很活跃、机警而且行动优雅的犬种，容易训练，适合于喜爱热闹的家庭。领养者应考虑毛发打理问题。

波美拉尼亚犬

大小 1~3公斤（2~6磅），16~22厘米（6~9英寸）

性格特征 活泼、聪明的观赏犬

运动量 小到中度

美容需求 每天梳理毛发且定期修剪

博美犬起源于波兰和德国（Poland and Germany），由北极雪橇犬中的波美拉尼亚丝毛狗进化而来。育种时选择身材小的品种进行繁育。它们保留了祖先外向的性格特征：过度吠叫可就成了一个问题。气候温暖时，厚厚的皮毛对它们可是一种考验。

小鹿犬

大小 1~3公斤（2~6磅），16~22厘米（6~9英寸）

性格特征 活跃、警戒心强、聪明

运动量 小

美容需求 少

小鹿犬在19世纪繁育并在德国农场用于捕杀鼠类。它小巧活泼并具有捕猎的天性。小鹿犬需要关爱和鼓励，在家中饲养需要良好的早期训导。

棕色和黑色的皮毛

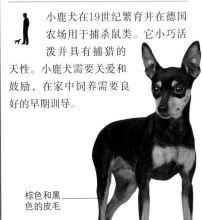

哈威那犬

大小 1~3公斤 (2~6磅), 16~22厘米 (6~9英寸)
性格特征 活泼、文雅敏感、友好
运动量 小到中度
美容需求 每天梳理毛发

16世纪，比熊犬类被西班牙水手带到了古巴，在那里它们繁衍成今天的哈威那犬并成为古巴的国狗。与比熊犬相比，哈威那犬毛发更顺滑、轻巧。古巴温暖的气候适合它们的生长，并让它们作为伴侣犬长达数个世纪。哈威那犬快乐友好，是天生的伴侣犬，也是理想的宠物。它头上的毛毛必须修剪或梳起来哦。

柔软顺长毛发

羽毛状的尾巴

比熊犬

大小 1~3公斤 (2~6磅), 16~22厘米 (6~9英寸)
性格特征 活泼、彬彬有礼、合群
运动量 小到中度
美容需求 每天梳理毛发且定期修剪

比熊犬确切起源还不清楚，但比熊犬类狗狗的饲养已有千年的历史。它在特纳利夫岛 (island of Tenerife) 上繁育出来，在法国和西班牙流行了多个世纪。比熊犬因其温顺的性情和优雅的气质成为历史悠久的伴侣犬。

迷你贵宾犬

大小 1~3公斤 (2~6磅), 16~22厘米 (6~9英寸)
性格特征 聪明、敏捷、性情优良
运动量 中度
美容需求 每天梳理毛发且定期修剪

贵宾犬的名字源自德语 pudel (意思是溅起的水花)。那是因为15世纪时，贵宾犬的祖先在水中狩猎鸟类而著称。后来，法国人将其繁育成三种体型。迷你贵宾犬属于中等体型。迷你贵宾犬聪明、敏捷，是优秀的马戏表演犬。它们通常被归类于敏捷和服从的竞技犬，同时也是机敏有活力的工作犬。那些腿部的毛毛被修剪成绒球状的表演犬，需要对关节进行必要的保护，避免接触冷水，但现在大多数贵宾犬都只进行简单修剪，全身毛发等长。

质地细腻的毛发

小而厚实的脚掌

波士顿猎犬

大小 1~3公斤 (2~6磅), 16~22厘米 (6~9英寸)
性格特征 彬彬有礼、温顺、热情
运动量 小到中度
美容需求 少

波士顿猎犬是19世纪中期在美国波士顿和马萨诸塞州 (Boston, Massachusetts) 由斗牛犬和牛头猎犬交配后，再与法国斗牛犬改良交配而繁育出的犬类。波士顿猎犬保留很少的狩猎特性。它们温顺且善于交际，但短小的鼻子易打鼾，在运动时容易引起呼吸问题。

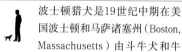

蝶耳犬

大小 1~3公斤（2~6磅），16~22厘米（6~9英寸）
性格特征 聪明、活泼、机敏
运动量 中度
美容需求 每天梳理毛发

蝶耳犬的祖先自16世纪起就一直出现在美术作品中。蝶耳犬或"蝴蝶犬"名字来自其大而竖立的耳朵，就像是蝴蝶的翅膀。这些精力旺盛的小狗狗，外表看起来柔美实则强健。它们很聪明而且学习能力强。

西施犬

大小 1~3公斤（2~6磅），16~22厘米（6~9英寸）
性格特征 聪明、独立、机警
运动量 中度
美容需求 每天梳理；偶尔修剪

这种犬多由西藏（Tibetan）僧侣和中国古代的帝王豢养，它的名字缘于它长得像某种狮子。如果没有有效的训练，这些聪明、警觉的小狗狗脾气会很坏。它们头上的毛毛需要修剪或绑起来，否则会导致呼吸困难。

帕森拉希尔猎犬

大小 1~3公斤（2~6磅），16~22厘米（6~9英寸）
性格特征 活泼、好动、固执
运动量 大
美容需求 少

19世纪，帕森拉希尔猎犬是为了捕捉巢穴中的狐狸而繁育出的品种，不如短足杰克罗素常见。拉希尔是养犬俱乐部（Kennel Clubs）公认的拥有纯正血统的犬类。像大多数猎犬一样，它们都具有攻击性，如果要和猫咪养在一起，就要从小合养。它们很少会得到小宠物的信任。如果在饲养时多和人类或其他的狗狗接触，它们会外向友好一些，但如果缺少了这种环境，它们就很难相处。帕森拉希尔猎犬聪明好动，适合爱好运动的家庭。

头盖宽

肌肉发达的后腿

选择一条狗狗

杰克罗素猎犬

短足杰克罗素猎犬并未获得犬舍俱乐部的认可。得益于庞大的基因库，这些繁殖出的狗狗健康聪慧，并且有多种体形和品种。

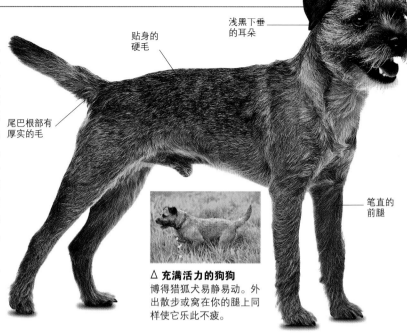

博得猎狐犬

大小	1~3公斤（2~6磅），16~22厘米（6~9英寸）
性格特征	友好、活泼、温顺
运动量	中度
美容需求	少，但需定期修剪

博得猎狐犬在18世纪的苏格兰（Scotland）培育繁殖以猎杀狐狸和老鼠。小巧的身形和快乐的天性使它们成为很受欢迎的宠物。虽然与猫咪或其他狗狗合养时需小心一些，但它们很容易控制。有趣、易相处、容易适应主人的运动水平是选择它们的主要优势。它们是喜欢和人类相伴的聪明狗狗，同时也能独立生存。博得猎狐犬具有敏捷、快速和灵活的特性，如果有良好的教导，很容易就会成为令人们满意的伴侣。

贴身的硬毛

浅黑下垂的耳朵

尾巴根部有厚实的毛

笔直的前腿

△ **充满活力的狗狗**
博得猎狐犬易静易动。外出散步或窝在你的腿上同样使它乐此不疲。

骑士查理王猎犬

大小	1~3公斤（2~6磅），16~22厘米（6~9英寸）
性格特征	友好、温柔、好玩
运动量	中度
美容需求	每天梳理毛发

与查尔斯王犬相比，它是一个不同的品种。骑士查尔斯王猎犬有较长的鼻子和一个较扁平的头骨。可惜的是，由于基因来源较少，这种狗狗的遗传病会比较多。骑士是真正的宠物，作为伴侣犬已长达几个世纪之久。如果你能找到一条健康的狗狗，它会成为你家庭中可爱的一员。

如丝般长长的被毛

拉萨阿普索犬

大小	1~3公斤（2~6磅），16~22厘米（6~9英寸）
性格特征	机警、活泼、善吠
运动量	中度
美容需求	经常梳理毛发

它们是由西藏寺庙僧侣培育繁殖，主要用作看护寺庙。这种犬意志坚强且聪明，但它们需要良好的培训和教育。拉萨阿普索犬厚厚的长毛可以御寒，所以需要经常打理。

狭窄的头骨

长而直的被毛

上翘的尾巴

凯恩犬

大小	1~3公斤（2~6磅），16~22厘米（6~9英寸）
性格特征	活泼、好动、善于交际
运动量	中度
美容需求	少，但需定期修剪

这种犬的历史可追溯到17世纪，源自苏格兰高地（the Scottish Highlands）和一些岛屿。也是为了在凯恩斯（岩桩）周围捕猎狐狸、鼹鼠和兔子而大量繁育。凯恩犬仍然保留了一些捕猎的本性，所以，在与小宠物一起喂养时需要费心看管。如有早期的训导也可同小猫咪合养。活泼、善于交际的凯恩犬需要保持忙碌的状态哦。

立耳

保护性的被毛

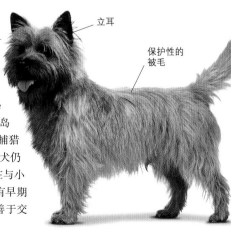

迷你雪纳瑞

大小 1~3公斤（2~6磅），16~22厘米（6~9英寸）
性格特征 活泼、好玩、乐于取悦主人
运动量 中度
美容需求 每天梳理加定期修剪

这种狗狗是19世纪时由德国标准雪纳瑞（the Standard Schnauzer）繁育而来的。早期是用做看门和捕杀农场有害的动物，现代的品种仍具有捕猎的倾向，喜欢为主人警戒入侵者。微型雪纳瑞是聪慧、好玩的家庭宠物。

浓密卷曲的被毛

长长的胡子

巴哥犬

大小 1~3公斤（2~6磅），16~22厘米（6~9英寸）
性格特征 友好、开朗、温顺
运动量 小
美容需求 少

巴哥犬最初可能在中国繁育，16世纪时，迅速蔓延到整个欧洲。现代的巴哥犬基因库较小，从而产生了一些遗传性的健康问题，包括呼吸系统疾病和打鼾等。不过，温顺的性格仍然使它们备受欢迎。

西高地白猎犬

大小 1~3公斤（2~6磅），16~22厘米（6~9英寸）
性格特征 活泼、好动、善吠
运动量 中度
美容需求 每天刷牙，定期修剪

西高地白猎犬是18世纪苏格兰和凯恩犬的后裔。它们过去的职责就是追捕小型猎物，因此，要小心它们周围的猫咪和小宠物哦。要照顾好狗狗的健康，皮肤方面的问题是不可小觑的。对于有着足够耐心的主人，它们可是完美宠物的选择哦。

选择一条狗狗

腊肠犬

大小 1~3公斤（2~6磅），16~22厘米（6~9英寸）
性格特征 温和、活泼、随和
运动量 中度
美容需求 少

这种狗狗源自20世纪的德国，主要职责是围捕猎獾。它们有两种大小，迷你型和标准型。此外，长短毛型也是划分它们的一个标准。因为它们长长的脊椎和短小的胸腔，背部会常出现一些小问题，椎间盘突出也是它们常见的疾病。当狗狗和小孩子玩耍时，要注意提醒孩子们的动作不要过于粗暴。快乐、懒散的天性使得它们成为人类温柔的伙伴。

不同的毛发类型
不同品种的腊肠犬有不同的被毛。长毛型较其他两种需要更多地打理。

短毛型腊肠犬

硬毛型腊肠犬

眼脊明显

柔滑的耳朵

长毛型腊肠犬

中型犬

中型犬是介于大型犬和小型犬之间的品种。它们身型较大不易被伤害，同时还不需要占用太多的空间。

对于那些不具备足够大的空间饲养大型犬，但又想要养一条较大狗狗的人们来说，中等大小的狗狗是最佳选择。这些狗狗被饲养在中等大小的范围内即可。中型犬充满活力，乐于与孩子们玩耍，且不易因游戏或其他活动而受伤。相较于大型犬来说，中型犬花费较少。就运动需要而言，因品种不同，可能要比大型犬更多。此外，与大型犬相比，中型犬在兴奋时更容易被操控。

▷ 适当的身型
像这条法国斗牛犬一样，比小型犬更有"实力"，大型犬省事，是你最理想的伴侣。

它们尾巴也不易扫倒东西，这也降低了家庭卫生清洁的难度，中型犬的医疗费用也会比大型犬低一些。

▷ 好的家庭宠物狗
中型犬比小型犬更强壮，像这条猎狐犬，对于精力充沛的主人可是最佳拍档。

设德兰牧羊犬

大小 6~7公斤（13~15磅），35~37厘米（14~15英寸）

性格特征 羞怯、温柔、敏感

运动量 中度

美容需求 每天梳理

设德兰牧羊犬原产自17世纪苏格兰设德兰群岛（Shetland Islands of Scotland），被用于放牧牲畜。它们是由大型牧羊犬与小型牧羊犬交叉培育而成的。现代的设德兰牧羊犬被毛太厚，会使它们闷热难耐。对这种狗狗要尽早训导，以便彻底消除它们天然的戒心。这种好玩且甜美温柔的狗狗对值得信赖的主人会非常忠诚。

法国斗牛犬

大小 10~12.5公斤（22~28磅），30~31厘米（12英寸）

性格特征 活泼、外向、温顺

运动量 小

美容需求 少

法国斗牛犬的起源尚不清楚，但它们很可能是在19世纪被带到法国的英国较小斗牛犬的后裔。很久以前，法国斗牛犬就已驯化成我们人类的伙伴，因此，它们具有敦厚、和善、活泼和外向的品质。它们短短的脸也会导致呼吸困难和打鼾。

西藏猎犬

大小 8~13.5公斤（18~30磅），36~41厘米（14~16英寸）

性格特征 聪明、善吠、热情

运动量 中度

美容需求 每天梳理被毛且定期修剪

被西藏僧侣用作看护寺庙的西藏猎犬可能是西施犬和拉萨阿普索犬的祖先。这种狗狗活泼好动，但需要精心的教养以获得良好的行为。西藏猎犬也善吠，这是遗传的特性。

柯基犬

大小 11~17公斤（24~37磅），27~32厘米（11~13英寸）

性格特征 聪明、护主心强、忠诚

运动量 中度

美容需求 少

柯基犬有两个品种，分别是卡迪根和彭布罗克·威尔士柯基犬，由于后者与英国皇室相关，因此更常见一些。两个品种都在威尔士（Welsh）繁育，一些用来放牧。蓄养这种狗狗需要坚强的意志，主人必须做好迎接挑战的准备。训导会改变它们喜欢追咬的天性。柯基犬是好玩且活跃的狗狗，很适合精力充沛的主人。

卡迪根柯基犬

彭布罗克·威尔士柯基犬

斯塔福郡斗牛猎犬

大小 11~17公斤（24~37磅），36~41厘米（14~16英寸）

性格特征 热情、活泼、精力充沛

运动量 中度

美容需求 少

19世纪，继斗牛和斗熊都被列为非法之后，斯塔福斗牛犬作为斗犬而在英国大量繁育，坚定、勇敢的品性一直被保留到今天。早期训导能确保它和其他狗狗友好相处。爱玩和热情的天性，则使它们成为优秀的儿童玩伴。斯塔福斗牛犬需要一个精力充沛的家庭，能有时间和精心陪它玩耍来疏导其过剩的精力。

选择一条狗狗

猎狐犬

大小 7~8公斤（15~18磅），39~40厘米（15~16英寸）

性格特征 好动、活泼、热情

运动量 中到高度

美容需求 少

猎狐犬分为短毛猎狐和硬毛猎狐犬。它们都具有狩猎时将狐狸挖掘出来的本事。它们共同拥有这种特性直到20世纪初才逐渐演化成两个不同的品种。这种聪明、温柔、亲切的狗狗具有

敏捷、活跃、好玩且精力无穷的特点。但它们也很容易被激怒，并且好斗，时刻准备着发起进攻。对于能很好训导其强烈的狩猎性和攻击性的主人来说，猎狐犬可是一种不错的宠物犬。

短毛猎狐犬

硬毛猎狐犬

比格犬

大小 8~14公斤（18~31磅），33~40厘米（13~16英寸）

性格特征 喜欢亲近人类、活泼、吠声悦耳

运动量 中到高度

美容需求 少

比格犬是一个古老的犬类品种，最初用于狩猎野兔。现代比格犬仍保留了追踪和狩猎的习性，因此可能在散步时引起麻烦。比格犬性格开朗乐天，很容易与人类或其他动物相处。

小灵狗

大小 12.5~13.5（28~30磅），43~50厘米（17~20英寸）

性格特征	温顺、沉稳、深情
运动量	中度
美容需求	中等

小灵狗是19世纪中期由灰狗和猎犬杂交繁育而来的，用于狩猎兔子和参加一些小游戏。这类视觉动物有着强烈的追逐愿望。这种癖好加上其较快的速度，使它们在散步时很难控制。但在家里，它们又会表现出冷静与温情的一面。小灵狗的被毛较短，在寒冷的天气需要额外的保护。

长而狭窄的嘴巴

肌肉发达的后腿

布列塔尼猎犬

大小 13~15公斤（29~33磅），47~50厘米（19~20英寸）

性格特征	聪明、好动、警惕性高
运动量	大
美容需求	高

布列塔尼猎犬是19世纪在法国西北布列塔尼地区（Brittany），由英国雪达犬和波音达猎犬以及当地的西班牙猎犬杂交繁育而来的。它是巡回猎犬中最小的品种，具有帮助猎人带回射伤猎物的特性。布列塔尼猎犬聪明善学，需要主人引导它们将充沛的精力用到有用的工作上。它们温顺且乐于做任何需要的工作。布列塔尼猎犬需要较大的运动量，适合于活跃的家庭。

绵密的被毛

耳朵位于圆形颅骨的上部

可卡犬

大小 13~15公斤（29~33磅），38~41厘米（15~16英寸）

性格特征	温顺、好动、亲切
运动量	高
美容需求	经常洗澡，尤其是清理耳朵

此犬共有两个品种，英卡和美卡。在英格兰，可卡最初被用于捕捉山鹬。身型小巧的可卡犬可以把鸟类从藏身处驱赶出来。随后，英卡伴随早期定居者来到了美国，进而演化成美卡。这种狗狗很任性，需要早期训导以养成良好的习惯。相对较小的身型和乐天的性格特征，可卡多年来一直都是最受人们欢迎的品种之一。

◁ **整装待发**
可卡充满活力。它们需要主人给以机会来消耗它们过剩的精力。另外，必要的训导也是必不可少的。

长而顺滑的耳朵

中等长度的柔软被毛

长有长饰毛的胸部

英卡

史宾格犬

大小 22~24公斤（49~53磅），48~51厘米（19~20英寸）

性格特征 精力充沛、好玩、热情

运动量 超高度

美容需求 中等

史宾格犬源自19世纪西班牙猎犬，主要作用是"惊飞"猎鸟并将其驱回以便于捕杀。它们友好、善于交际，是少有的好脾气狗狗。史宾格犬易训练，易于接受指令和承担任务。虽然它们看起来很完美，但它们旺盛的精力还是令许多人难以应付。它们需要长时间的散步和游戏。适合总是有很多活动让它感兴趣的家庭。

光滑的被毛

毛茸茸的腿

▷ **任劳任怨**
史宾格犬不知疲倦，时刻准备投入更多的活动。它们是很好的宠物，适合忙碌、活跃以及有大量游戏和娱乐的家庭。

沙皮犬

大小 16~20公斤（35~44磅），46~51厘米（18~20英寸）

性格特征 冷漠、含蓄、忠诚

运动量 中度

美容需求 定期护理皮肤的皱褶

源自中国，并与松狮犬有着共同的祖先。沙皮可以做很多事情，包括防卫、放牧和打猎。狗狗的皱纹越深就越吸引人，但皱褶的皮肤也容易导致感染。同时，睫毛内翻还容易伤害眼睛，需要手术来减轻痛苦。作为宠物的沙皮，需要良好的训导哦。

有皱褶的皮肤

牛头犬

大小 23~25公斤（51~55磅），30~36厘米（12~14英寸）

性格特征 善交际、勇敢、忠诚

运动量 小

美容需求 少

牛头犬被饲养是在17世纪，主要用于斗牛和斗熊。当这些运动变为不合法时，哈巴狗基因被引入，进而繁育出头顶平坦，吻部较短的牛头犬。多年来牛头犬的头部更加平坦，吻部愈发短小。所以运动量不宜过大，那样会导致狗狗心跳过快、呼吸困难和打鼾。此外，牛头犬头部较宽，容易难产。它们以友爱著称，所以，这些自然小丑似乎总是对它们的主人深情款款。

牛头猎犬

大小 24~28公斤（53~62磅），53~56厘米（21~22英寸）

性格特征 好动、固执、忠诚

运动量 中到高度

美容需求 少

牛头猎犬产生于19世纪，由斗牛犬与现已灭绝的英国白猎犬杂交繁育出白色的"绅士伴侣"。现代牛头猎犬有很多种颜色。斗牛梗犬精力旺盛，喜欢玩耍而胜过奔跑。拖曳游戏是它们的最爱，主人需要小心控制。牛头猎犬适合繁忙、活跃并可以给它们带来足够刺激的家庭。

大型犬

大型犬需要主人花费大量的时间和精力去陪它们锻炼、玩耍，同时还要为它们梳理毛发并做日常养护。无论屋内屋外都需要有足够的空间，遛放的场地也是必需的。

适合你的狗狗

大型犬比小一些的狗狗有更多的需求。它们不仅需要你花费更多的时间和精力，还需要支付更多的费用。不过，它们的众多优点还是让许多人都愿意选择大型犬。首先，它们不会像小型犬一样，在你没留意时被踩到。其次，它们可以有力地威慑窃贼和歹徒，使孩子们更有安全感。最后，大型犬比它们的小兄弟们更容易训导，一个训练有素的大型犬会非常引人注目。它们比小型犬更有活力，深得希望狗狗参与更多户外运动的主人的喜爱。

◁ **长身短脚**
巴吉度猎犬是四肢短小的大型犬。遛狗时如果想拽住它需要很大力气，需要在幼犬时期训导它们不要去撕扯东西。

△ **生性善跑**
斑点狗具有善于奔跑的天性。它们需要在幼犬时进行召回训练，同时要为它们提供可以自由奔跑的安全区域。

边境牧羊犬

大小	14~22公斤（31~49磅），46~54厘米（18~21英寸）
性格特征	聪明、善于察言观色、黏人
运动量	超高度
美容需求	中等

在20世纪初期，边境牧羊犬在英格兰和苏格兰边境主要用于承担牧羊工作。良好的放牧能力使人们以为它们具有善解人意的能力，事实上它们和其他狗狗一样需要训练。边境牧羊犬学习能力强，愿意接受指令并愿意和主人如影随形。早期的训导能够确保它们敏感的特性不会发展成声音恐惧症或其他相关的恐惧症。

畜牧能力

当许多的工作犬或畜牧犬都进入人类的暖炉旁，它们的天生使命也逐渐被弱化时，边境牧羊犬却依然活跃在野外和牧场上，坚守着它们的岗位。选育使它们有渴望追逐的天性，它们会很快学会放牧，看护任何在其周围的生物。如果要把它作为宠物饲养，这些本能需要被引导到游戏和玩具上，以防止它们追逐锻炼的人、猫咪、牲畜和汽车。

西伯利亚爱斯基摩犬

大小 16~27.5公斤（35~60磅），51~60厘米（20~24英寸）

性格特征 活跃、聪明、自立

运动量 超高度

美容需求 需要日常护理

西伯利亚爱斯基摩犬曾是西伯利亚楚克奇族（Chuckchi）人必不可少的伙伴，楚克奇文明就是建立在狗拉雪橇的长途旅行上。这些狗狗具有整天奔跑的耐力，所以它们需要大量

厚而浓密的尾巴

肌肉发达的后腿

柔韧的爪垫

的日常锻炼。它们是骑行或开车横跨边境爱好者的最佳拍档。西伯利亚哈士奇天性爱攻击，这就意味着主人不能随意地在牲畜或其他动物附近遛狗。想养这种狗狗的必须是活跃、喜欢运动的家庭。

粗壮厚实的胸部

巴吉度猎犬

大小 18~27公斤（40~60磅），33~38厘米（13~15英寸）

性格特征 温顺、易相处、自立

运动量 高度

美容需求 少

巴吉度猎犬是为专门追踪捕捉野兔而繁育的猎犬。它对气味极为执著，可能会全神贯注地追踪某种气味而走失，遛狗时必须小心牵好防止出现这样的问题。巴吉度猎犬因性情温和、恋人而十分受欢迎。

长耳朵的位置较低

长毛牧羊犬

大小 18~30公斤（40~66磅），50~56厘米（20~22英寸）

性格特征 好玩、活泼、敏感

运动量 超高度

美容需求 需要日常护理

长毛牧羊犬是16世纪时由波兰低地（the Polish Lowland）牧羊犬和苏格兰当地牧羊犬杂交繁衍而来，主要用于放牧牛羊。现代的长毛牧羊犬仍保留强烈的追逐和放牧的天性，所以主人需要引导这些可爱的狗狗把过剩的精力用在游戏和玩具上。长毛牧羊犬天性敏感，并且需要良好的早期训导。

长而厚实紧密的被毛

澳洲牧羊犬

大小 16~32公斤（35~70磅），46~58厘米（18~23英寸）

性格特征 聪明、有耐力、活泼

运动量 超高度

美容需求 中等

在19世纪末20世纪初还鲜为人知的澳洲牧羊犬，是由美国西部农场多种牧羊犬杂交繁育而成。这些狗狗有全天候工作的毅力，所以需要足够的刺激和活动。此外，主人也要有和它们一样坚定的意志才可以哦。

耐风耐雨，中等长度的被毛

苏格兰牧羊犬

大小 18~30公斤（40~66磅），50~60厘米（20~24英寸）

性格特征 机敏、忠诚、温顺

运动量 中度

美容需求 需要日常护理

苏格兰牧羊犬在苏格兰被用于放牧羊群，所以仍对追逐和玩耍很有兴趣。现代的苏格兰牧羊犬很聪明，能迅速接受新事物，但因羞怯胆小，容易内向恐惧，需要在幼时通过精心地训导使其安稳放松。牧羊犬适合温和、体贴的主人以及轻松、安静的环境。

密实滑亮的被毛

顺滑柔亮的前腿

标准贵宾犬

大小 20.5~32公斤（45~70磅），超过38厘米（15英寸）

性格特征 聪慧、温顺、活泼

运动量 高度到超高度之间

美容需求 需要日常护理和定期修剪

起源于15世纪的德国，用于辅助捕猎鸭子，后期由法国人选育，是大型的贵宾犬。卷曲的被毛使狗狗在冷水中搜寻猎物也能保持足够的体温。贵宾犬不掉毛但需要经常护理。它们能快速学习并且友好、爱玩，很适于活跃的主人。

耳朵上有长长的饰毛

直直的前后腿

万能更犬

大小 20~22.5公斤（44~50磅），56~61厘米（22~24英寸）

性格特征 聪慧、勇敢、忠诚

运动量 中度

美容需求 需要定期修剪掉旧毛

万能更犬在19世纪英格兰约克郡（Yorkshire）主要用来狩猎水獭和獾，还能充当警卫犬。现代的万能更犬个性很强，要严加训练来使它们变得友善，尤其是在与其他犬类混养时。爱玩使它们成为儿童的理想伙伴，它们适合有经验、性格坚强的主人。万能更犬不容易训练，在遛狗时可能难以控制。因为它们的捕猎天性，所以不容易被其不熟悉的猫咪或其他小宠物信任。

△ **沉稳的性格特征**
万能更犬忠于主人，如果训练有素会是条优秀的狗狗。

尾巴位置较高

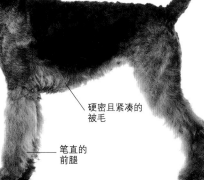

硬密且紧凑的被毛

笔直的前腿

德国短毛指示犬

大小 20~30公斤（44~66磅），60~65厘米（24~26英寸）

性格特征 友善、精力充沛、爱玩

运动量 超高度

美容需求 少

德国短毛指示犬诞生于19世纪的德国，由西班牙指示犬、英国指示犬、猎狐犬和当地优种追踪犬混育繁衍而成。它们非常优秀，发现猎物可以以特定姿势向猎人指示猎物，并能追踪和寻回猎物。德国短毛指示犬机敏、活跃、有耐力，所以主人需要提供足够的刺激和锻炼。幸运的是，因天性爱玩，其无穷的精力很容易转向玩玩具。这种犬很友善，愿意接受指令，所以易于训练。

大麦町犬

大小 22.5~25公斤（50~55磅），50~61厘米（20~24英寸）

性格特征 聪明、开朗、友善

运动量 超高度

美容需求 少

这个古老的品种被认为起源于克罗地亚达尔（Croatia）的大麦町（Dalmatia）。因伴行在英国马车护卫队和美国火车一侧而知名。它是天生的运动健将，但可能会因为缺少锻炼变得暴躁。斑点狗一般平易近人，但有时会任性和固执。

被毛短有光泽，并且有斑点花纹

略微弯曲翘起的尾巴

足爪紧凑

拳师犬

大小 25~32公斤（55~70磅），53~63厘米（21~25英寸）

性格特征 精力充沛、爱玩、友善

运动量 超高度

美容需求 少

拳师犬是在德国由英国斗牛犬和伯连巴塞尔獒犬杂交繁衍而来，主要用其攻击熊、野猪和鹿。其作用是在猎人到达前，追逐和围捕猎物。这些狗狗的后裔勇敢且坚定，能够在必要的时候制伏对手。

通常情况下，拳师犬都是一个可爱的小丑角色。这个可爱的名字的由来就是它们在游戏时，有用前爪"拳击"的癖好。它们宽而钝的口吻在互相咬着玩时容易受伤。拳师犬是优秀的家庭狗狗，喜欢与孩子们嬉戏玩耍，因此在全世界都一直颇受欢迎。它们很好动，适合于活跃并愿意让狗狗全方面融入主人忙碌生活的家庭。对拳师犬的早期训导是必不可少的，尤其要着重培养它和其他狗狗友好相处，使它的性情友好一些。同时，要注意培养它们良好的行

孩子们的玩伴

拳师犬（Boxers）很爱玩，这使它在成为优秀的儿童玩伴的同时，也帮助自己消耗过剩的精力。活泼、充满活力的互动是非常适合它们的运动。与所有狗狗一样，主人也必须教会它们游戏规则避免失控。

为，在幼狗时期就要将它们旺盛的精力和强势的性格控制在合理的范围之内。

意志坚定的主人用积极的训练方法可以训导出最棒的狗狗。拳师犬很聪明，较容易训练，但如果没有确立良好的行为规则，它们就会很无礼且易反抗。因育种时想让它们有强大的咬合力，因此，拳师犬有扁平的脸和突出的下颚，易流口水和打鼾。

突出的下颚

短而滑亮的被毛，被毛覆盖到宽阔的胸部

笔直、肌肉发达的前肢

△ 放哨

拳师犬不信任陌生人，所以对入侵者十分警觉。当家庭安全面临真正的威胁时，狗狗的这一特点就十分有益。然而，主人必须精心训练，以确保这个特性不失控，以免导致不必要侵害的发生。

拉布拉多寻回犬

大小 25~36公斤(55~79磅),55~62厘米(22~24英寸)
性格特征 温顺、爱玩
运动量 超高度
美容需求 少

拉布拉多最早繁殖于15世纪的加拿大纽芬兰岛（the island of Newfoundland）。在那里，它们辅助渔民寻回猎物和在水中拉船。19世纪，它们被带到英格兰，发展成为水陆两用猎枪犬。拉布拉多是最受欢迎的品种之一，多才多艺，平衡力好，容易训练，通常被作为宠物或猎枪犬。此外，因其性情温和也被选为协助犬，帮助残疾人完成日常工作，使残疾人在它们的帮助下生活自理。灵敏的嗅觉使得拉布拉多还可协助海关侦查毒品和爆炸药。另外，它们还可以帮助消防员或警察展开搜救行动。作为宠物，拉布拉多犬爱玩且精力充沛。在各种活动较多的家庭里它们会表现得很棒。它们非常喜欢食物，常会从箱子或厨房工作台偷取食物，所以，需要在它开始有这种行为时就予以阻止和警告。控制体重也很重要，这种犬吃掉的东西远远超过它们身体的需要，特别是阉割后的拉布拉多犬。拉布拉多需要在幼时精心训练，以确保它们天生的热情不会给你带来麻烦。幸运的是，这些都很容易做到，因为它们总是乐于做你要求的事情。

适合你的狗狗

△ **顽皮的天性**
作为宠物的拉布拉多有旺盛的精力和热情，需要玩玩具来疏导以防止不良行为的产生。当它们总是把玩具捡回来时，意味着它们玩累了。

尾巴粗而尖端变细

中等大小淡褐色的眼睛表现出柔和的气质

适度宽阔的胸部

前肢垂直于地面

圆而紧凑的足爪

△ **旺盛的精力**
拉布拉多需要大量自由奔跑以保持身材。适当的召回训练使它们能够自由和安全地奔跑。对它们的早期教导和其他狗狗相同，精心训导并与其他动物和家畜相处后，外出散步将是一件快乐的事情。

导盲犬

导盲犬是用来协助盲人，带他们通过马路及路上的障碍物狗狗。导盲犬的培训需要花费几年的时间，但一旦完成，它会带给主人一个全新、独立和自由的生活。

霍夫瓦尔特犬

大小 25~41公斤（55~90磅），58~70厘米（23~28英寸）

性格特征	聪明、忠诚、守卫
运动量	超高度
美容需求	中等

霍夫瓦尔特在德语中的意思是"守护财产的卫士"，这透露了一些有关这些聪明狗狗起源的线索。除了守卫之外，它们还被用来放牧牲畜。霍夫瓦尔特善于保护家人，但必须小心驯化，以确保它们不会伤害到陌生人。霍夫瓦尔特犬擅长学习，有爱心并且忠于主人。

德国硬毛指示犬

大小 27~32公斤（60~70磅），61~68厘米（24~27英寸）

性格特征	温顺、精力充沛、爱玩
运动量	超高度
美容需求	少

由德国猎犬和其他品种杂交而成，德国硬毛指示犬被选育成多才多艺的猎枪狗。与其短毛的兄弟相比，这种犬更警惕陌生人，需要精心的早期教育。此外，它们对主人有深厚的感情，愿意学习并有能力完成简单的任务。

肩胛向后倾斜

粗糙的被毛

笔直的前肢

比利时牧羊犬

大小 27.5~28.5公斤（61~63磅），56~66厘米（22~26英寸）

性格特征	反应迅速、聪明、守卫
运动量	超高度
美容需求	因品种不同而有别

不同品种的比利时牧羊犬分别以自己的诞生地区来命名。它们体型相似，天生就是羊群的守护者。这些非常敏感的狗狗需要大量的早期训导以学会适应与人类、动物在一起的生活。它们很容易训练，忠诚并甘愿为主人奉献。比利时牧羊犬需要体贴和精力充沛的主人。

胸深收腹

前肢紧贴身躯

玛伦牧羊犬

特武伦牧羊犬

比利时牧羊犬

是相同品种吗？
在它们的家乡比利时，这四个品种被认为是一个品种。其他国家已按四个不同的品种注册。事实上，被毛是唯一可以区别它们的因素。

位置较高尖尖的耳朵

长而多毛的尾巴

拉肯努阿犬

选择一条狗狗

金毛猎犬

大小 27~36公斤（60~79磅），51~61厘米（20~24英寸）

性格特征	亲切、爱玩、善良
运动量	高度
美容需求	需要日常护理

金毛猎犬是在19世纪由各种运动型犬杂交培育出的一种金黄色长毛寻回猎犬，性格温柔顺从。因其良好的品性，一直以来都是非常受欢迎的家庭宠物。金毛爱玩，充满活力，这就意味着需要全天候的活动。

金毛猎犬喜欢睡觉和在家里休息，这使它们有充足的精力和体力去工作或玩上一整天。它的主人需要投入大量的时间进行与狗狗相关的活动，如：游戏或娱乐。金毛猎犬乐观热情，乐于助人，是孩子们的好玩伴，但要确保狗狗在幼年时期就要训导出这些良好的习惯。

此外，金毛猎犬愿意承担任务，易于训练，并且是理想的工作犬，它们经常参与搜救和治疗工作，并可充当协助犬，如导盲犬等。

耳朵在眼睛的正上方

深色的嘴唇

浓密防水的被毛

强健的后肢

有羽状饰毛的尾巴

△ **充沛的精力**
金毛猎犬有无穷的精力，喜欢奔跑和散步。它们适合忙碌的且可带它参与其中的家庭。

捡回

良好训导后的金毛猎犬可以很容易地学会捡回物品。最好选择父母温顺的狗狗，因为幼崽也会表现出与其父母相同的性格特征。早期训练和大量的游戏将确保你的狗狗能把你抛的东西捡回来，所以它的运动量会很大。

平毛寻回犬

大小 25~36公斤（55~79磅），56~61厘米（22~24英寸）

性格特征	温和、深情、开朗
运动量	高度
美容需求	少

平毛寻回犬原产于19世纪中期的英国，是被作为猎枪狗驯养的。温柔、顽皮和细心的品性，使其成为理想的家庭宠物。平毛寻回犬热爱学习并随时准备搜寻，它们需要的活动量很大，需要足量的运动消耗过剩的精力，但它们并没有拙劣或暴躁的脾性。平毛寻回犬不适合做看门狗，因为它们看见任何人都很高兴。这使它们适合初次养狗和交际型的主人。此外，热爱工作和讨人喜欢的特点，使得平毛寻回犬既是快乐的工作犬同时也是可爱的伴侣犬。

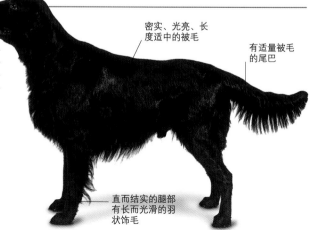

密实、光亮、长度适中的被毛

有适量被毛的尾巴

直而结实的腿部有长而光滑的羽状饰毛

德国牧羊犬

大小 28~44公斤（62~97磅），55~66厘米（22~26英寸）

性格特征 聪明、守卫、忠诚

运动量 超高度

美容需求 每日护理，尤其是长毛型的

这个受欢迎的品种源自19世纪后期的德国，用来牧羊和保护财产。在第一次世界大战结束后，在英国人们称它为阿尔萨斯（Alsatian），改变名称的缘由是因为当时英国民众的反德情绪，50年之后才恢复其正确名称，现在，这种狗狗有时仍被误称为阿尔萨斯。德国牧羊犬聪明、感觉敏锐、警惕性高，被广泛用于军警方面，如护卫和侦查等，从而使它们获得了主人的高度赞扬。

它们也用于搜索和救援工作，依靠气味来搜寻毒品藏匿和爆炸物，甚至人类遗骸。对于喜欢训练和玩耍的主人，它们是很好的儿童玩伴。它们非常忠诚，可以保护家人和财产免于任何威胁。早期的教导会确保这些狗狗能够很好地适应环境，不会让人害怕并避免不必要的寻衅滋事。

新主人应该考察小狗狗的血统，以确保狗狗的血统纯正。杂交会导致狗狗构造上的弱点和髋关节发育不全。在购买前，主人应仔细查看所有检测遗传性疾病的文件。德国牧羊犬更适合与那些训导有方、趣味性强的主人建立亲密的关系。它们有强烈的工作渴望，我们可以训练它每天帮忙做家务活，让它们有事情做的同时也增进了你们的友谊。

长而结实的口吻

外层被毛粗硬，底层被毛柔软浓密

尾巴有长而浓密的羽状饰毛

肩胛骨长而倾斜，肋骨长而曲线平滑

选择一条狗狗

△ 应对追逐本能

顽皮且精力充沛的德国牧羊犬喜欢追逐。可以把这种强烈的追逐欲望引导到玩玩具上，尤其是有小孩子的家庭。否则，过量的追逐游戏会演变成难以改掉的坏习惯。

警犬

德国牧羊犬作为警用犬在世界范围内获得广泛赞誉。它们反应迅速和警觉的特性有助于抓捕罪犯，天生的护卫本能又有助于保护主人的安全。渴望追逐的本性使它们能出色地协助追捕逃犯，它们很强悍，能够截留罪犯直到训导员赶到缉拿。量身定制、扬长避短的训导能使这种狗狗获得沉稳、乐观的品质，这是它们能够融入周围环境的重要条件。此外，它们在追踪、救护、缉毒和护卫等方面都表现优异。

罗得西亚背犬

大小 29.5~38.5公斤（65~85磅），60~69厘米（24~27英寸）

性格特征	自立、敏锐、守卫
运动量	高度
美容需求	少

 罗得西亚背犬是19世纪末期在南非（South Africa）繁育而成，在津巴布韦（Zimbabwe, 前身罗德西亚）成为优秀的狩猎犬。

它们被用于追逐狮群并把猎物逐入猎人射程内。与它们的祖先相同，现代罗得西亚背犬仍然喜欢追逐，不过如果这种习性运用不当，可能会在散步时给主人带来麻烦，因为它们喜欢追逐快速移动的物体和动物。由于它们忠诚并富有感情，会跟家里的小孩相处得很好。它们需要大量的早期训导，以学会与陌生人和其他狗狗和平相处。此外，贪吃也是它的特性，所以会经常偷吃食物。

头骨扁平

强有力的颈部

短而浓密，光亮的被毛

趾呈弓形

△ **脊背特征**

这个品种独有的特征是脊背上长有逆毛，被毛向前生长，从肩胛后开始，延伸到臀部突起处的中间，形成两个一样的旋。

杜宾犬

大小 30~40公斤（66~88磅），60~70厘米（24~28英寸）

性格特征	聪明、警觉、守卫
运动量	高度
美容需求	少

 杜宾犬是19世纪末期由德国税吏路易斯·杜宾（Louis Dobermann）培育的，因为当时他需要一条猛犬来保护他在执行任务时的安全。杜宾犬现仍保留有这种特质，但如果它们的主人意志坚定的话，也很容易训练和控制。此外，这种非常聪明的狗狗需要做很多运动来消耗过剩的精力。

颈部紧凑

胸部匀称

光滑的棕黑色被毛

巨型雪纳瑞犬

大小 32~35公斤（70~77磅），60~70厘米（24~28英寸）

性格特征	聪明、忠诚、守卫
运动量	高度
美容需求	每日梳理被毛，定期修剪

 巨型雪纳瑞犬是19世纪发达国家从标准雪纳瑞繁育而来，主要用做警犬。这些大型的、令人印象深刻的黑色狗狗已被警方和军队作为警卫犬来维持秩序。作为宠物，巨型雪纳瑞顽皮、善良，是家庭成员的好伴侣。它们的胡须容易滞留口水，需要勤清洗来保持无异味。

长而粗糙的胡子

倾斜向上、粗壮有力的后腿

魏玛猎犬

大小 32~39公斤（70~86磅），56~69厘米（22~27英寸）
性格特征 精力旺盛、生气勃勃、顽皮
运动量 超高度
美容需求 少

 在19世纪初期，德国魏玛猎犬被驯化成一种通用的猎枪犬。现今它们仍可作为猎枪犬，但也是受欢迎的宠物犬。这种惹人喜爱、性格开朗的狗狗需要生活在活跃的、并能够让狗狗全方位融入家庭生活的家庭。魏玛猎犬旺盛的体能和耐力需要通过玩玩具或工作得到释放。定期自由跑跳和日常锻炼也是必不可少的。应在早期对它们进行严格的行为训导，值得庆幸的是，魏玛猎犬很容易训练。良好的训导有助于它们能够跟陌生人和其他动物友好相处。

长毛魏玛猎犬

稳固而紧凑的足爪

笔直而结实的前肢

短被毛魏玛猎犬

秋田犬

大小 35~50公斤（77~110磅），60~70厘米（24~28英寸）
性格特征 冷漠、护卫、自立
运动量 高度
美容需求 需要日常护理

 17世纪时，秋田犬用于猎熊和斗狗。秋田犬外表冷漠，人们很难知道它们在想什么，因此难以预测它们下一步要干什么。它们需要有经验的主人来控制它们强势的性格，并赢得它们的尊重使它们服从主人的命令。秋田犬可能很难与其他动物相处，因此需要对它们进行精心的社会化训练。由于秋田犬对主人和家庭忠实、性格稳重，因此是家庭的忠实伙伴。

外层被毛粗糙坚硬，内层被毛浓密

直而结实的尾巴

◁ **强悍的秋田犬**
秋田犬是强健的大型犬。它们成年以后就对玩不再感兴趣，独立性使它们更难被训练。所以为了安全起见，在训练时需要在安全封闭的区域，远离其他的狗狗和动物。

波尔多犬

大小 36~45公斤（79~99磅），58~69厘米（23~27英寸）
性格特征 勇敢、忠诚、护卫
运动量 高度
美容需求 少

这个品种可能起源于法国波尔多（Bordeaux）地区，最初是用于狩猎野牛、熊，后来用于牧牛。随着不断选育，如今的波尔多犬已经不是那么具有攻击性。尽管如此，它仍然需要意志坚定的主人和早期训导，尤其是当它与其他狗狗合养时。由于它下颚突出，上唇下垂，所以会打鼾和流口水。

强劲有力的胸部

活泼的狗狗
魏玛猎犬（Weimaraners）有着旺盛的精力，充足的锻炼才能释放它们充沛的活力。此外，它们需要大量的游戏和活动。选择安全、开阔的区域，使它们能够自由奔跑，尤其是在狗狗的幼年时期。

巨型犬

没有经验或者是意志不够坚定的主人，不要轻易尝试驯养巨型犬，因为你可能要应付一条重量远远超过自己的狗狗。这些巨型犬的品种都十分优秀，但它们要花费你更多的时间和金钱。

巨型犬的主人需要花费更多。狗舍、保险和饲料都需要更多的花费，并且它们需要更多的日常维护和保养。巨型犬个子大，运输更困难，通常需要主人购买一辆大型车。

令人惊讶的是，巨型犬通常不需要像体型较小的兄弟那样经常锻炼身体。它们更倾向于做简易的事情，因为移动巨型的身体使它们很快就会疲劳。遗憾的是，巨型犬要比小型犬寿命更短。

◁ **巨型犬**
如果没有很好的训导或适当的培训，巨型犬比如大丹犬（the Great Dane），会对其他的人或动物造成严重伤害。

▷ **救生犬**
救生犬用于海上救援。巨大的身躯使它们在冷水中能保持体温，且它们的力量很大，能把溺水者拖到岸上。

巨型犬需要大量的空间，小户型家庭可能不太适合。此外，它们还需要一个大花园，在那里它们可以自由活动。

兰伯格犬

大小 34~50公斤（75~110磅），65~80厘米（26~31英寸）

性格特征 沉稳、护卫、深情

运动量 高度

美容需求 需要日常护理

 兰伯格犬是19世纪由德国兰伯格（Leonberg）市长通过圣伯纳德犬（St Bernards）、纽芬兰犬（Newfoundlands）和一些其他的品种杂交培育而成。兰伯格犬彬彬有礼，已成为优秀的看护犬。它们虽然体型巨大，但对熟悉的孩子很温和。

粗糙、防水的被毛

伯恩山犬

大小 40~44公斤（88~97磅），58~70厘米（23~28英寸）

性格特征 沉稳、护卫、友善

运动量 中度

美容需求 需要日常护理

这种狗狗最初在瑞士（Swiss）农场培育繁衍，主要用于协助工作，它们可以拉货、牧牛和看护。伯恩山犬警戒心较强，所以在幼年时期就需要良好的训导。它们力气很大，所以必须进行早期训导以便于控制。

与众不同的长吻

被毛长而浓密，有光泽

罗威纳犬

大小 41~50公斤（90~110磅），58~69厘米（23~27英寸）

性格特征 护卫、忠诚、警觉

运动量 高度

美容需求 少

在德国，罗威纳犬曾被用于看守牛群和护卫。它们需要意志坚强、有经验的主人来控制它们护卫的本能。罗威纳犬学习速度快且非常自信。

粗糙的黑色被毛，有栗色的斑点

肌肉发达的前肢，圆而紧凑的足爪

斗牛獒

大小 41~59公斤（90~130磅），64~69厘米（25~27英寸）

性格特征	勇敢、护卫、忠诚
运动量	中度
美容需求	少

斗牛獒是在19世纪由英国猎场看护人将大獒与英国斗牛犬杂交而来的，主要用来帮助他们抓捕偷猎者。如今，这些健壮的狗狗仍然保留了它们戒备的天性，需要有顽强意志力的主人在早期给予大量训导和必要的训练，从而使这些本能得到控制。尽管如此，斗牛獒跟熟悉的人感情仍然很深厚。

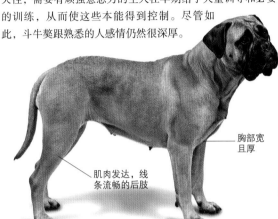

胸部宽且厚

肌肉发达，线条流畅的后肢

大丹犬

大小 50~80公斤（110~176磅），79~92厘米（31~36英寸）

性格特征	顽皮、独立、深情
运动量	中度
美容需求	少

尽管其确切起源尚不清楚，但这个古老的品种最初培育的目的是用于猎杀野猪。如今的大丹是温柔的巨人，是形体最大的狗狗品种之一。它们善良、友好，但遛狗时仍需留心，因为它渴望追逐其他动物的欲望还是很强。需要在幼时有良好的教导和训练。

△ **飞速的奔跑者**
奔跑的速度快得惊人。此外，大丹需要较大的空间，让它们可以自由地活动。

凹陷的眼睛

吻部宽而紧实

宽阔的胸部

短而浓密的被毛

纽芬兰犬

大小 50~68公斤（110~150磅），66~71厘米（26~28英寸）

性格特征	沉稳、友善、深情
运动量	中度
美容需求	需要日常护理

在加拿大纽芬兰，它们一般被用来拖拉渔网和牵引小船靠岸。在温带气候区，厚厚的被毛不利于散热，纽芬兰犬通常会自己寻找水来降温。它们利用喘气散热，所以容易流口水。它们有温柔、友善的气质，是优秀的家庭犬。

△ **保持凉爽**
纽芬兰犬如果运动过量就会体温升高，所以适合短距离散步。找一个可以定期游泳的地方，会使它们更健康、凉爽和满足。

头颅宽大

短而阔的吻部

圣伯纳德犬

大小 50~91公斤（110~201磅），61~71厘米（24~28英寸）

性格特征	温顺、友善、忠诚
运动量	中度
美容需求	需要日常护理

圣伯纳德犬最早是在17世纪由瑞士圣伯纳德救济院（the Hospice of St Bernard）的修道士饲养。这种狗狗用于帮助营救那些困在雪原里的遇险者。庞大的身躯使它们能在低温环境下工作几个小时而不被冻伤。圣伯纳德犬是温和的巨人，善良并甘愿为主人奉献。在温带气候里，它们就会气喘吁吁，流口水也就不可避免了。

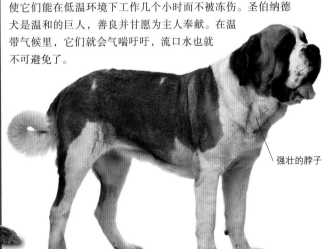

强壮的脖子

混血及杂交品种

混血和杂交的狗狗都有独特的体格和气质。每条狗狗都不尽相同，你必须等到它们成年后才能知道狗狗到底能长多大。

适合你的狗狗

混血狗是不同品种的狗狗杂交而成，是混合两种血统的狗狗。在乡村，由于自由散漫的环境和鲜少的阉割，混血狗是很常见的，但在人口稠密，不允许有流浪狗的城市就会相对少一些。在城市里，只要有流浪狗就会迅速地被犬类管理人员抓走，并且城市里的育种是件严肃的事情，杂种狗通常都被阉割了。

通常情况下，杂交品种是两种血统的狗狗偶然交配的结果，

◁ **遗传性状**
渴望追逐和玩玩具是一种遗传的特性。狗狗被如何驯养将会影响它们遗传性状的发展。

◁ **杂种狗狗的优势**
大多数混血狗和杂交品种的狗狗都比血统纯正的狗狗更健康，这要归因于它们的父母血缘关系较远的缘故。

但也可能是通过蓄意的杂交来培育有特定的性情或被毛类型的狗狗。杂交品种通常会用两个品种名称混合命名，例如，一种介于可卡犬和狮子狗的杂交犬被叫作可卡狮。

犬科
通常，从品性和身型上，你可能不难猜出混血狗或杂交品种父母中的一个。但如果选择成年犬，你看到的就是它的状态，所以，在购买之前，应了解狗狗的性格特征。

▷ **拉布拉多德利犬**
为培育不会掉毛或不会引起人们过敏的协助犬，而将拉布拉多（Labradors）和贵宾犬（Poodles）杂交繁育出拉布拉多德利犬（Labradoodles）。这种狗狗作为宠物也广受欢迎，需求量在不断增加。由于基因的混合，会出现各种体型和被毛的狗狗。

2

友好关系的
建立

与狗狗交流

你的狗狗需要什么

与年龄相关的问题

与狗狗交流

狗狗不是长了皮毛的人,而是与我们完全不同的种群。如果你想成为一个称职的主人,就需要**意识到**我们和狗狗之间的**差异,**并力图从**它们的角度**来**审视这个世界**。本篇将帮你来了解**狗狗是如何思考的**,以及与我们复杂的思维能力相比,狗狗思维的局限性;帮助你获得狗狗之间,以及狗狗与我们人类之间如何使用**它们的语言**进行沟通的知识。本篇还会向你阐述如何**赢得狗狗的尊敬,**以及如何与它们建立一种**快乐、信任的关系,**并试图为你建构如何培养一条**乖巧、训练有素**的狗狗的切实可行的方案。

和谐的关系
帮助孩子与狗狗建立起相互信赖的关系,不仅会促进孩子的健康成长,也会使狗狗的生活舒适满意。

狗狗是如何思考的

狗狗虽然是高度社会化的动物，但没有人类那么复杂的思维和推理能力。了解狗狗是如何思考的，将有助于我们理解狗狗并对它们提出合理的期望。

社会关系

狗狗的社会关系模式与我们人类非常相似。例如，它们会热情地欢迎归队的伙伴；当失去深爱的同伴时也会难过；它们也会努力维系彼此的关系。所以，从某种意义上说，狗狗的生活也折射了我们人类家庭的关系。

共同的情感

狗狗似乎也有许多与人类相似的情感：与同伴玩耍时它们会很开心，离开伙伴时会感到孤单；受到威胁时会恐惧害怕；如果被不停地训斥也会不满。虽然我们不确定它们是否与我们有着

同样的思维方式（因为我们不能与它们交流），但在很多情况下，它们的行为都与我们人类非常相似。

◁ **热情的欢迎**
与我们人类相似，狗狗会对喜欢的成员回归表示欢迎。当你劳累一天回到家后，有条欢迎、追逐你的狗狗，可能就是养狗的乐趣之一。然而，可要训练好哦，扑向你可不是它应该学会的（188~189页）。

正是由于狗狗这些与我们相似的习性和丰富的情感，狗狗进入了我们的家庭，并成为让我们喜欢的宠物。然而，狗狗表现出的人性化，让我们很容易错把它们当成小孩子，并期望它们能见机行事。

事实上，狗狗没有像我们人类那样复杂的大脑，因为它们的祖先与我们的进化方式不同，它们有着完全不同的思维方式。

◁ **情绪影响**
主人的情绪会影响到它们的狗狗——快乐的主人也会有条快乐的狗狗。

▽ **缺乏逻辑思维**
狗狗在受到威胁时，会一直匍匐在地板上，即使它的头上有桌子为它阻挡着。

▷ **敏锐的感知**
敏锐的感知能力使得狗狗准确地感知他们的主人会在什么时候起床（即使主人可能还没有起床的打算时）。可能正是因为这样，许多主人就得出了它们的狗狗十分了解自己甚至能够洞悉自己的想法。

狗狗有什么感受？

　　狗狗会感觉内疚、后悔或仇恨吗？遗憾的是，我们不能通过与它们交流而得知，目前也没有能解决这个问题的科学技术。然而我们却可以大胆地假设，即使它们的确具备某种基本的情感，但也不可能与人类的情感模式相同。当然，它们也不会怨恨或者报复，因为它们不具备伪装感情的能力。如果它们见到你很高兴，那是因为它们真的有了这种感觉。正是这种特点使得它们在这个充满尔虞我诈的世界里更显得弥足珍贵。

"狗狗**不是**我们**人类**的缩小版，因此它们也不具备跟我们一样的**逻辑思维能力**。"

不同的大脑

　　尽管狗狗的大脑与人类相似，但相对较小，并且没有新大脑皮层（它在大脑中负责推理、语言和所有的高级功能，是人类独有的物质）。狗狗有上乘的记忆力，但它们的推理能力跟我们相比却十分有限。它们能清楚地洞悉人类的动作和身体语言、情绪甚至表情，但是对大多数狗狗来说，学习语言是非常困难的。这是因为狗狗的大脑主要处理从生理感官获得的信息，比如通过嗅觉和听觉（54~57页），探测周围世界的信息，以帮助它们的祖先——狼，成功地猎食。

　　因此，狗狗不是披着毛皮的小小"人类"，它们的逻辑思维能力要比我们弱得多，观察这个世界的角度也和我们大不相同。了解到这一点，可以帮助我们更客观地认识它们的能力，而不会对它们提出过高的要求。

　　当狗狗不理解我们的要求时，应该帮助它们弄清我们的需求；当我们不清楚它们是顽固还是不知道该做什么时，可以给它们奖励来化解它们的怀疑。

▷ **逻辑思维的欠缺**
面对这种情况，狗狗的第一反应是试图从栅栏的缝隙中捡球；而人类的思维是，从门穿过去可能会更容易捡到球。

犬类的感官：嗅觉和视觉

狗狗对于世界的感受与人类十分不同。了解它们如何感知周围的环境，将会帮助我们理解它们的行为，使训练狗狗变得不再复杂。

嗅觉

狗狗用嗅觉来认识世界，而我们人类则是眼见为实。"看世界"与"嗅世界"显然有很大的差别。不难想象这样一幅画面，有人牵着狗狗进入一个陌生房间里，主人是通过观察室内的陈设，了解现在的情况，推断事态的未来走向，而狗狗则会在地上闻来闻去获得相似的信息。

狗狗对嗅探十分感兴趣，不管是嗅闻草地、新物品还是嗅闻另一条狗狗的头或尾巴它们都乐

△ 收集信息
这条猎犬正在用它的鼻子收集关于这片区域其他狗狗的信息，找出哪些狗狗可能是朋友，哪些是敌人或潜在的伴侣。

"我们看这个世界，但狗狗'嗅知'它。"

此不疲。它们可以通过探测气味来获取信息，在这一点上我们是望尘莫及。嗅探一丛青草，就可能得知居住在该地区的其他狗狗：它们的年龄、性别、健康状况以及多久之前到过这里。这些对狗狗而言轻而易举，因为它们的

鼻子有大量的上皮细胞（膜），能收集气味信息并传送到大脑。此外，狗狗大脑中负责测定气味的区域是我们人类的4倍，且结构更为复杂。

狗狗还有一个叫作犁鼻器的器官在口腔顶部。一些具有吸引

▽ 顶级嗅觉大师
狗狗鼻子的结构能帮它们最大限度地探测和处理气味。这是因为在它们的鼻腔里有数百万以上的细胞，大脑中也有大量的区域来处理嗅觉感知，并在口腔顶部有特殊的器官与之对应。

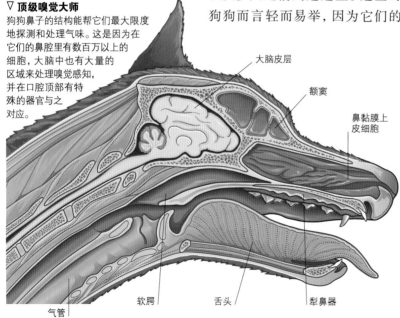

大脑皮层

额窦

鼻黏膜上皮细胞

气管

软腭

舌头

犁鼻器

△ 抓捕罪犯的战士
很久以前，人类就知晓狗狗有着灵敏的嗅觉。这张图片中，警犬正在通过气味搜寻非法物品。

力的味道，尤其是搜寻到可进行交配伙伴的味道时，嗅觉和味觉会同时完成信息的感知。

那些被要求做追踪或搜寻工作的狗狗，如寻猎犬或猎枪犬，它们已通过选择性繁育增强了它们的这种特质。侦探犬可是辨别气味的不二之选。通过从身体脱落的皮肤细胞和那些已经被植物干扰后的气味，它还依然可以追踪到人类和动物的信息。狗狗可以帮忙检测爆炸物、毒品、食品、尸体和癌症细胞等，它们在这方面所表现的专业性是任何人类的发明都无法企及的。

视觉

狗狗的视觉不如人类。尽管它们可以看到颜色，但是比较有限。它们可以分辨蓝色和黄色，但不能分辨红色和绿色。这就是为什么它们很难发现一个红色的球在绿草地上，而是用嗅觉来搜寻。

△ **人类的视觉**
人类可以看到的纹理和细节，并且比狗狗的彩色视觉范围要广。

△ **狗狗的视觉**
狗狗也能看到一些颜色，但看到的纹理和细节没有我们清晰。它们的夜视能力很强，对于物体的移动更加敏感。

同时，狗狗不能像我们一样区分纹理和细节，但它们夜视能力很强。脉络膜层的特殊眼部结构，使狗狗的眼球可以在瞬间感受到无数次的影像刺激，在较暗时能增强视觉亮度，这也解释了为什么狗狗的眼睛在光线照射到时"在黑暗中发亮"的原因。狗狗对于物体的移动比我们更敏感，而且很多品种的狗狗都具有远视的能力。

▽ **视觉猎犬**

一些狗狗被专门培育成通过视觉狩猎。它们可以清晰地检测到远方物体的移动。这条勒车猎犬正在扫视周围的旷野，搜寻可被追赶和猎杀的动物。

惊人的气味分辨能力

研究人员推测狗狗的鼻子中有近2.2亿个细胞用来探测气味，覆盖的区域相当于手帕的大小。而人类与之相比，只有五百万个左右的嗅觉细胞，覆盖的区域只相当于一张邮票的大小。科学实验中，狗狗能在被人类轻轻拿过的玻璃板上探测到人类的气味，即使玻璃板已经在室内或室外放置两周或近1个月。它们能成功探测到浓度为百亿分之一的气味，并可追踪300个小时前留下的气味痕迹。就追踪长度而言，目前已知的寻血猎犬（Bloodhound）最长可追踪210公里（130英里）。

听觉、味觉和洞察力

与视觉和嗅觉感知世界的差异一样，狗狗的听觉、味觉方面与人类也不相同。与人类相比，较矮的身高使它们看到的世界与我们非常不同。

声音

狗狗的听觉比人类进化得好，它们能听到的音源比我们更远。我们依稀听到的声音，狗狗可能在四倍以上的距离时就已经听到。此外，它们还能听到更高频率的声音，比如小猎物发出的超声波。狗狗能听到的频率范围是40~60 000赫兹，而我们只能听到20~20 000赫兹。这就是为什么狗狗会回应相对于我们"无声的"狗狗叫声。这是因为这种叫声超出了我们的听觉频率范围。良好的听觉，也是狗狗成为优秀

◁ 寂静的声音
对于狗狗来说，哑狗哨听起来和任何其他的口哨一样，但我们听不到它。因为我们的耳朵不能检测到如此高频率的噪声。

的牧羊犬所必备的技能。因为它们能够回应来自远距离的指令或者口哨。

由于这个原因，狗狗的许多现代后裔都有非常敏锐的听觉。因此，当狗狗置身于嘈杂的环境中，如释放烟花的环境中时，就会形成噪声恐惧症，这是很常见的情况。

味觉

人类有将近9000个以上的味蕾，而狗狗却只有不到2000个，所以它们对食物的感知远没有我

"对于**幼狗**或小型狗狗来说，**人类就像个巨人。**"

们高。对于狗狗来说，气味比味道更重要。而且这些食肉动物的味蕾只对肉和脂肪有着特别的敏感，而对人类喜欢的甜、咸等食物不感兴趣。

狗狗的视角

出于海拔的关系，狗狗看到的世界与我们不同。要想体会家里狗狗的视角，请俯下身来，这时你会看到一个几乎完全不同的世界。同样，当我们带它们来到

△ **在巨人的世界**
对于狗宝宝和小型犬来说，人类就像双层巴士一样高。有时这种"巨人之地"是一个令它们畏惧的地方。

△ **可怖的大手**
永远记住狗狗的视觉角度。所以，对于狗狗来说，被一只从天而降的"巨手"拍拍已经不是什么享受的事情了。

闹市时，情况也是一样。对于狗狗来说，汽车和卡车看起来就是巨大、咆哮的怪物，这个怪物总在它们鼻子的高度排放废气。当我们匆匆忙忙穿行在拥挤的街道时很容易就忽略了狗狗，想象一下，在移动的人腿森林中穿行是件多么艰难的事情。对于狗宝宝和小型犬来说，人类看起来就像巨人，尤其是它们还没弄清我们的意图时，从空中落下来的手，对于小型犬来说就是一种威胁。

用嘴巴而不是足爪

狗狗没有灵巧的指头，而且还必须用足爪来站立，所以必须用嘴来做事。这也就是为什么狗

◁ **味觉进化**
狗狗喜欢吃骨头上的肉和脂肪，这使它们早已进化成真正的肉食型动物了。

狗要用捡、啃和咬来探索这个世界的原因。与我们人类的下巴不同，狗狗的下颚只能上下移动，它们不能左右移动。

第六感

某些看似具有非寻常能力的狗狗，总是让人们好奇地猜想它们是否具有第六感。例如有很多记录表明，狗狗能在几千公里外找到回家的路；狗狗能找到它们的主人，尽管他们已经搬到狗狗从来没有去过的地方。更令人惊奇的是，一些狗狗能预测主人什么时候回家：当主人回家的时候它们已守候在屋门旁。或许，狗狗的确有着我们目前还不能解释的感知能力吧。

狗狗之间的交流

因为狗狗的大脑不具备学习语言的结构，所以它们之间的交流主要是通过肢体语言和声音信号来完成。要想了解狗狗之间是如何进行信息传递的，就需要我们来仔细研究它们的动作行为。

即使狗狗之间有时会相互吠叫，但大多数的时候狗狗之间的交流是无声的。它们之间的交流大多是通过变化耳朵、尾巴和身体的位置来完成。这些看似微妙的变化，却可以表明狗狗的情绪和情感，而另外一只狗狗就会根据这种变化来预测对方接下来的动作。要想了解这些肢体语言，可以注意观察狗狗初次见面时的动作表现。不同个性的狗狗也会采用不同的动作来表达，通过这些观察，你将很快了解接下来会发生什么。

"体位的变化表露不同的情绪和情感。"

△ **"不许凝望"**
这条英国赛特犬正试图靠近对方来嗅探气味，但金毛猎犬严肃的目光使赛特犬只能礼貌地将目光投向远方。

▷ **"走开！"**
这条魏玛猎犬太过于吵闹。为使它冷静下来，拉布拉犬把身体匍匐到草坪上静止不动还闭上了眼睛，这个信号清晰地表明：请走开。

嬉戏打闹
很明显，这些狗狗彼此很熟悉，它们正在嬉闹玩耍。虽然它们翻腾跳跃，但身体和面部肌肉都很放松，眼神也没盯住对方不放。显然，这不是一场真正意义上的格斗较量。

◁ **气味调查**
气味是一个非常重要的信息来源。嗅闻尾部的气味对我们人类来说可能是讨厌的，但却给狗狗传递出许多新伙伴的信息。

▷ **"一起玩吧！"**
幼犬活泼、好玩且精力充沛，大狗狗却不愿加入它的游戏。情急之下，幼犬就把前爪搭在大狗的背上来引起它的回应。

狗狗对人

狗狗也想用肢体语言与我们人类交流，就像它们之间那样。有些与我们人类相似的动作会很容易辨认，而有些就不那么清晰，甚至可能被误解。

狗狗不断地通过体态变化来与我们沟通交流。理解这些信号，我们就能够做出相应的反应，并且在必要时给予狗狗帮助。记住，与我们人类之间关系相比，狗狗与我们人类建立的关系要脆弱得多。主人应该意识到狗狗的敏感性，并尽最大努力来读懂狗狗发出的信号。

◁ **舔鼻子**
狗狗在有压力的时候就会舔鼻子。这条狗狗在被拉拽项圈时，向旁边躲，舔着它的鼻子，看起来有些焦虑。

▽ **打呵欠**
打呵欠也是用来释放压力的途径。这通常表露了狗狗紧张、焦虑的迹象。当主人瞪了它一眼以后，狗狗开始打哈欠。

▽ **信心**
放松的身体和向上竖起的尾巴则表明狗狗很自信。这条年轻的狗狗很自信，表明它过得很开心。竖起的尾巴，昂首迈进的步伐，无处不在地展示它的自信。

△ **逃避**
主人把狗狗的脸扳过来时，它却转向了另一边，以这种方式来躲避它的主人。

看见你很开心
这条狗狗与主人关系很好，它知道主人不会伤害它。它兴奋地摇着尾巴，耷拉下耳朵来与主人打招呼，欢天喜地迎接它的主人。

舔鼻子
狗狗一般都是在感到焦虑或沮丧时才会舔自己的鼻子。主人给它压力后，它也会这样。学习解读这些行为，会帮助你了解你的狗狗，成为一个更好的主人。

人对狗狗

狗狗更容易理解我们的手势信号而不是我们的语言。在训练它们对信号做出反应时，先给予手势，稍后再配合声音指令，这样它们就会学得更快。

因为狗狗更习惯于用肢体语言交流，所以它们喜欢"看"我们多过于"听"。它们密切地注视着我们的动作，找出任何令它感兴趣的事情的线索。所以，用手势来帮助狗狗理解我们想做的事情，要比给它们解释容易得多。如果我们经常重复某种指令，它们最终是会学会的，但在这之前，它们必须先学会与指令配套的动作。

△ **挥手**
在主人给出一个明确的手势后，训练有素的狗狗立即做出了回应。如果声音提示是在手势之前，它的狗狗只能学会对单纯的声音指令做出反应。

◁ **坐下**
"坐下"通常是狗狗们掌握的唯一的声音提示。当主人给出语音提示时，它训练有素的狗狗就坐下了，即使主人没有发出任何的手势。

△ **指示**
经过细心的教导，狗狗最终会朝着我们的指示行动。这条狗狗还不是很确定，看上去有点焦虑。

▽ **下一步做什么?**
对狗狗积极训练的成果是，它们专注于你的指令，等待你将要告诉它们什么或需要它们做什么。有一条能够读懂我们暗示的狗狗会让生活更加轻松和快乐。

"狗狗更愿意看我们做什么而不是听到指令，因为它们更习惯用肢体语言进行交流。"

△ **肢体语言**
这个主人用它的肢体语言发出了一个明显的"过来"的信号，训练有素的狗狗立即快乐地做出了回应。这对于我们人类来说很容易，但是狗狗在最初根本没有这种观念，需要主人耐心地训导。

关系的建立

　　与狗狗之间融洽的关系是帮助狗狗获得良好行为的基础，也是主人与狗狗朝夕相处、共同成长的前提。当然，这些美好愿望实现的前提是：首先要与狗狗建立一种关爱、信任和尊重的关系。

必要条件

　　狗狗是群居动物，它们也要寻求和依靠它们的社交网络。与人类的家庭成员中的一员建立信赖的关系，对狗狗良好行为的形成是必不可少的。如果有值得信任的关系，狗狗就会适应力强，对变化和逆境也会很快适应，并会形成可被任何人接受的良好行为方式。要想建立这种关系，你需要在关爱、信赖和友善方面下工夫。所有的狗狗都会有强烈的逆反意识，所以和它们在一起的时候，绝对的公平是很重要的。积极的训练方法会有助于增进你们的友谊，使你的狗狗愿意去做而不是被迫去做。定期花时间与狗狗在一起，使它感受

△ **坚实的友谊**
良好的社会关系对狗狗良好行为的养成是必不可少的，它将给你们双方带来满足感和幸福感。当然，这需要你投入适当的时间和精力。

△ **建立信任**
人犬之间建立的良好关系是信任发展的基础，它将有助于后续培训工作的开展。

◁ **工作伙伴关系**
成功的伙伴关系就是在需要时能够互相帮助。当然，你需要狗狗帮你完成某种愿望时，相互的信任和尊重将会大大降低奖励的成本，因为它会心甘情愿地回应你的需求。

积极的训练方法

遵循本书所阐述的各种方法展开积极的训练，会让你和狗狗之间的关系更加密切。通过训练，还会让你们彼此更加深入地了解。你会了解自己擅长什么，什么让你沮丧，什么会让你开心以及如何带给对方快乐等。随着培训的深入，你们的关系会变得更好。你会发现狗狗在卖力气工作的同时也会更依赖你。定期的训练，特别是在玩中训练，会使狗狗在训练有素的同时也变得更加乖巧听话。

到被爱、关心和需要。如果你太忙了不能给它渴望的这些关爱，它可能就会变得孤僻、沮丧甚至出现不好的行为。

"令狗狗**尊重**的主人 会令**狗狗受益**。"

糟糕的驯养

如果你自身就是在否定、消极的家庭环境成长起来的话，让你用积极的方法来训导你的狗狗是非常困难的，并且你可能会把消极的态度传递给狗狗。在生气或有压力的情况下，训练可能很难继续下去。尽管狗狗会原谅你偶尔的情绪波动，但为了防止破坏你们之间的关系，在你感觉情绪低落时就停止训练。消极的训练方式，只会带来怨恨和恐惧的结果。

领导者

人类通过选育繁育出友善和顺从的狗狗。因为它们的祖先曾经是群居动物，所以狗狗们需要有一个可以让它们尊重和跟随的领袖。狗狗就像孩子一样，如果没有领导，它们就会没有秩序。狗狗需要学会服从指令、举止得体和行为的界限。

要成为一个权威的领导者，大多数时间你需要友善和鼓励，但在必要时，也要采取强硬和不妥协的手段。在遇到危险时，能准确预测事态的下一步发展，做出正确的决策，保证全体成员的安全并能带领它们脱离困境，会让狗狗认识到你的领导才能。当然，你也可以把你的意愿强加给狗狗，但

▷ **尊敬**
赢得狗狗的尊重是至关重要的。如果它认为你是一个好的领导者，就会无条件地服从你的指令。

这样不会让它把你当做一个好的领导者，而且这么做可能会让你的狗狗产生恐惧。你必须通过在日常生活中的行动和决策来赢得狗狗的尊重，这也是获得良好关系的不二法则。

与狗狗交流

狗狗与孩子

孩子与狗狗会一起分享生活中的快乐与喜悦。如果给狗狗以良好的训导并和它们已经建立良好的关系，那孩子与狗狗在一起真的会相处得很好。

树立好榜样

狗狗是孩子理想的宠物，但要确保他们在良好的监督下友好相处。如果任由他们自由相处，会滋生各种各样的不良行为和习惯。但幸运的是，孩子们学得很快，他们很容易学会该如何与狗狗相处、与狗狗成功地建立友谊，并能从这种友谊中获益。孩子们会通过观察来学习，孩子们会仔细观察父母如何对待家里的狗狗并复制这种行为。因此，在孩子面前要格外小心你对狗狗的行为，因为之后你会看到它被重演。

充满生机和快乐的孩子们会激起友善、精力充沛的狗狗们的回应。如果孩子学会用正确的方式对待狗狗，那他们绝对是非常棒的老师。通常情况下，孩子们热情和兴奋的训导也会带来狗狗热情的回应。对于孩子来说，成功的体验是很重要的，因为孩子们很快就会变得沮丧和不耐烦。特别

△ **小教练**
只要给予正确的信息、指导和支持，孩子们都会成为熟练、称职的教练。

◁ **家庭的一部分**
和狗狗一起长大的孩子，成年后一般也会饲养狗狗。特别是那些与狗狗有过愉快相处经历的孩子。

与
狗
狗
交
流

▽ 热烈的欢迎
要想让小狗狗友善并能与各年龄层次小朋友接触时不害怕，早期的社会化训导是必不可少的功课。

是在他们的努力不奏效的情况下，就更需要成功的体验。大人一定要在一旁监督，这在训导过程中是非常重要的，并时刻做好帮忙的准备。

△ 在它们身边
游戏过程要全程监督哦，这样会确保你的孩子和狗狗都能享受游戏的乐趣。还会学会如何适当地相处。

◁ 家庭新成员
婴儿通常是狗狗能欣然接受的家庭新成员。让你的狗狗为新成员的降生做准备是很重要的训练课程。婴儿出生后，让你的狗狗知道它仍能获得同样的关爱。

安全的游戏

玩耍的时候，孩子们可能会在有意或无意的情况下虐待狗狗。据统计，如果狗狗咬人，咬伤男孩的概率要大一些。基于这种情况，孩子和狗狗玩耍时一定要在成人的监督之下，以免出现狗狗在被迫时发生反抗。

如果孩子们曾经有过与狗狗在一起的愉快经历，那么他们就能很好地理解狗狗的想法（92~93页）。如果你希望你的狗狗长大后友好不胆怯的话，就应

让幼犬在12周之前接触到所有年龄段的孩子。否则，狗狗可能会害怕孩子，特别是蹒跚学步的孩子，因为他们和成年人差别很大。

狗狗和婴儿

婴儿通常是狗狗能欣然接受的家庭新成员。即便如此，在怀孕期间就要调整狗狗的日常行为和习惯，以便适应孩子出生以后的情况。播放婴儿哭声的录音让狗狗提前适应，并让它熟悉婴儿的气味。教会你的狗狗回到自己

的窝里（182~183页）也是一个不错的方法，这样你就可以在不受干扰的情况下照顾孩子。

蹒跚学步的孩子

对狗狗来说，当宝宝开始爬行、移动、蹒跚学步时，问题就出现了。因为这时，狗狗就会有被宝宝砸到或抓到的危险。它们无法阻止蹒跚学步宝宝的靠近，因此，它们应提前学会转移到专门的"避风港湾"。此外，宝宝的视线高度与狗狗相同，他们步履蹒跚、大声的尖叫和哭泣以及尖尖的手指甲等在狗狗看来都是一种威胁。所以，成人可能一直要投入很多精力直到孩子长大，孩子和狗狗都能够彼此适应的时候。

"如果给**孩子**们正确的**指导**和支持，他们会成为**非常出色的教练**。"

狗狗与其他的动物

在幼年时期就与其他动物合养的狗狗，能够容纳其他动物并能和它们友好相处。不过一旦狗狗周围有小动物时，主人一定要注意，因为狗狗仍保留了许多原始本性。

认识其他动物

成年犬会对它们在12周前遇到过的任何物种保持友好的态度。随着年龄的增长，它们变得不善交际，如果看到幼犬时没有见过的物种，就会让它们谨慎和警戒。

如果幼犬需要和其他物种接触或共同生活，尽可能早地让它们接触是非常必要的，这有利于它和它的同伴轻松、快乐的相处。让小狗愉快地邂逅其他动物至关重要，因为看到呲牙逼人的动物可能会让它们恐惧或使它们有攻击倾向。

狩猎天性

在早期训导狗狗的社会化时，要监督有小动物出现时狗狗的行为，以便控制让它们兴奋的行为不会升级为掠杀。狗狗是狼的后裔，所以仍保留了许多狩猎的特性（18~19页）。从这方面来看，有些品种可能更难训导。

那些祖先被繁育用于猎杀（如猎犬）、追逐（如牧羊犬）的狗狗或一些具有强大食肉本能的狗狗，与

△ **天生的追踪者**
要对弱小、脆弱的宠物给予特别关注，如图片中的兔子。完全信任你的狗狗，几乎是一件不可能的事情，因为它们是狼的后裔。

"**不要低估**狗狗**强大**的**本能**，尤其是当它们面前有**弱小脆弱的宠物**时。"

△ **高度优势**
如果猫咪有一个高处的"逃跑路线"的话，它会感觉更安全。给猫咪提供一个安全的区域，会让它们更迅速地了解狗狗。

▷ **控制下的邂逅**
在你可控制的情况下，花些时间让你的狗狗习惯一下鸡等家畜。将来，它们相遇时，狗狗的表现就会平静得多了。

△ 控制下的邂逅

在牧场里，控制狗狗也非常必要。一方面可以为了防止狗狗发起进攻；另一方面也是防止其他动物弄伤你的狗狗。

宠物犬相比，会给主人和其他动物带来更多的麻烦。

对于那些小宠物，比如仓鼠、沙鼠、兔子和鸟类等，要特别注意它们的安全。令人惊讶的是，当小动物在狗狗附近突然飞起或奔跑时，原本平静的狗狗会迅速转变成一个狂躁的杀手。所以，千万不要低估了狗狗强大的本能，尤其是在弱小的宠物面前。

追逐游戏

有些动物更享受追逐的乐趣，而不是杀死，但这种行为可能会给主人带来麻烦。例如，体形高大的马匹，如果狗狗不熟悉这些生物，对它们来讲，这就是一个严峻的挑战，它们可能会被吓跑。对于没有经验、未经训练的狗狗，各种类型的牲畜都是它们潜在的追逐目标。

当失控的狗狗在追逐时，会发生交通事故、财产损害、潜在的对其他动物造成的伤害以及对狗狗自身的伤害。所以，主人应竭力避免这种状况的发生。

最好的办法就是，让狗狗在幼年时期就开始习惯牲畜、马匹、猫咪和其他小宠物。尽量让它们待在一起，这样狗狗就能认识这些动物，将来就可以和它们友好相处。

如果是成年犬，这个过程需要的时间就会较长，但它们也会逐渐接受其他动物，只是你得有足够的时间和耐心帮助它们完成这项课程。

狗狗和猫咪

如果猫咪和狗狗一起长大，它们就可以学会相互包容，甚至享受彼此在一起的时光。如果它们从未生活在一起，家里的狗狗可能会一直试图将新来的猫咪驱逐出房间。在这一点上，猎犬的倾向会更明显。时间能改变一切。你所能做的就是让这两种动物都感到舒适和安全，尽可能让它们自由地相处，在它们还没有成为朋友之前，不要强迫它们彼此接受。

你的狗狗
需要什么

如何让你的狗狗过得充实并**了解它们生活需要**，是成为一个好主人的关键。如果你能**满足**狗狗的这些**需求**，你的狗狗也会令你**满意**并会使你们在一起的**生活变得轻松愉快**。确保狗狗在它的世界里是**安全**的，轻松的氛围会降低狗狗防御性本能的出现。足够的**游戏**和**锻炼**，均衡的**营养**，将使它觉得舒适和**幸福**。本篇将向你讲述如何实现这一目标，让你学会如何给狗狗**梳毛**、**养护**以及处理**选育和绝育**等这些令人棘手的问题。

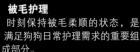

被毛护理
时刻保持被毛柔顺的状态，是满足狗狗日常护理需求的重要组成部分。

安全

狗狗需要在我们帮助下，获得在我们世界里的安全感。当这种安全感缺失时，狗狗在面临或感知到威胁的情况下，就会发生我们不想看到的行为。

保持安全

在我们的世界里，人类总是处于优势地位，狗狗必须服从我们的决定。因为狗狗不能讲话，所以不能请求我们的帮助或者告诉我们它的恐惧；在焦躁不安或忧虑时，也不能向我们抱怨或给我们写出来它的感受。当狗狗感

▽ 逃避
如果感到威胁，狗狗会立即选择逃离。向后耷拉着耳朵的这条狗狗，紧张地跑开了。

觉到威胁或害怕时，从体态上就能明显地看出它们的恐惧。如果主人没有发现或不理解这些迹象的含义，狗狗的恐惧得不到释放，当它们感觉到威胁时，就会不顾一切地保护自己。主人通常把任何咆哮或撕咬都归为不可接受的行为，还会采取惩罚的手段来阻止它们。然而，这样只会引发更多的混乱，导致狗狗的行为

> "如果狗狗受到**威胁，除了保护自己的安全，**其他的任何问题都**不在它的考虑**范围之内。"

变得更加焦躁。

作为动物家族的一员，狗狗

认为安全有着不可撼动的地位。如果狗狗感到害怕，除了安全，它不会再去思考其他任何问题。这时它根本没什么心情去吃、去玩或集中注意力。它可能会做的就是以牙还牙。

行为模式

受到威胁的狗狗有以下四种行为反应：

- ■僵硬——一动不动，希望独处。
- ■让步——努力表明它是没有威胁的。
- ■逃走——逃离危险。
- ■攻击——通过进攻摆脱威胁。

帮助你的狗狗获得安全感

为了防止恐惧感的产生，你需要让它熟悉和适应它可能遇到的一切。在幼犬期间就要培养它良好的社交习惯（92~93页）。只要它们觉得外面的世界是安全的，你就会培养出一只适应力强的狗狗。

是否与主人建立一个良性的关系，是狗狗安全感获得的至关

▷ 讨好
这条狗狗面对陌生人时，采用一种顺从的态度。小狗宝宝和温顺的狗狗经常采用这种策略。

▽ 战斗
怒目圆睁、耳朵扯向脑后和露出的尖牙，这条狗狗正试图用威慑的方式让陌生人离开。

重要的元素。如果它信任自己的主人，那么在与其他人类相处时，也容易产生信任和安全感。

主人积极的训导，将有助于加强狗狗的安全感。同样重要的是，要尽量避免让狗狗经历不好的事情，主人应确保你们的狗狗时刻感觉到舒适和安全。

对于没有进行良好的早期社交，或有过不好的经历并已经有恐惧感的狗

◁ 保护它
小狗宝宝还小时，带着它们去接触外界环境以获得经验。这个主人正在帮助它的小狗宝宝来适应交通。对狗狗采用支持、愉悦和鼓励的积极态度，有利于它们接受新环境。

狗，主人必须学会读懂狗狗的身体语言（60~61页）并尽量远离任何使它感到害怕的事物。主人也要少做让狗狗觉得有威胁或焦虑的事情，并使用玩具或奖励等积极的体验来取代负面的情绪。

已有进攻倾向的狗狗的主人应积极地向有经验的宠物行为专家来寻求帮助。专家能给出准确的诊断并提出一套治疗方案来帮助你改变狗狗的行为。他们还可以为目前没有攻击行为，但不积极治疗就有可能出现攻击行为的狗狗提供解决方案。

侵略行为

狗狗一般只在没有其他选择的情况下，才会采取攻击的行为。如果它们被围堵或被牵住，无法逃离，僵硬策略无效的情况下，它们别无选择只能出此下策。狗狗通常会先通过咆哮来试图摆脱威胁。它们可能会挑衅地边狂吠、猛咬，边咆哮和猛扑，希望能以此将威胁者吓跑。如果威胁太过突然，没有足够时间警告，狗狗可能会咬人。咬人通常是在其他方式都失败之后的最后手段。如果主人能帮助它们采用非侵略性的方法解决问题，狗狗们也可以逐渐放松下来。

运动需求

一条得到充足锻炼的狗狗会表现得沉稳和随和。相反，如果没有足量运动，狗狗就变得喧闹、焦躁、令人讨厌，非常难相处。

消耗精力

狗狗的遗传基因使它们渴望奔跑。它们的祖先、野生亲属——狼，需要保持良好的身体条件来进行狩猎，因此，狗狗的活泼好动就不足为奇了。这些活跃的特征已通过选择性繁育而更加增强，极好的体力和耐力使它们适用于不同类型的工作。

在现代世界，主人们很少有大量的时间与狗狗待在一起，并且大多数狗狗也不再工作。这往往导致宠物狗拥有太多过剩的精

△ **寻回**
如果你希望能够轻松地陪伴成年狗狗锻炼的话，教会小狗宝宝捡回玩具就是非常必要的课程。

▷ **散步**
散步就是你们日常生活的一部分。因为这不仅能为狗狗提供锻炼的机会和智力上的刺激，也是一种让你们彼此都感到愉快的活动。

力需要主人来应付，特别是工作犬的后裔。有行为问题的狗狗通常是没有经过训练的，因为它们在试图寻找一种替代品，来发泄它们的心理和生理能量。狗狗过剩的精力可能会咬坏很多家里的东西；追逐发出声响的任何想象

"如果你每天只有**有限的时间与你的狗狗在一起，你需要好好利用它。**"

入侵者、偷东西或痴迷于寻找食物；吠叫或哀鸣；甚至为寻消遣而离家出走。它们上蹿下跳，喧闹并且反应迟钝，很难集中注意力学习，也不能让主人开心。如果你每天的时间有限，那么与狗狗在一起时，就要好好地利用仅有的时间。狗狗需要体育锻炼和智力上

的刺激。体育锻炼应为有氧运动，像自由奔跑、玩耍或散步，都是符合要求的活动项目。训练狗狗听从召回的口令（124~125页）和寻回物品（136~141页）。在训练的间隙穿插一些散步和自由奔跑，这会令你的训练很完美。

多少运动量才是足够的？

　　运动量的大小取决于狗狗的需求。每两天散步约一个小时的锻炼足以满足年轻、健康的工作犬。但年龄较大的狗狗和非工作犬就不需要那么多的运动量。像体育锻炼一样，狗狗们需要以玩耍和学习的方式进行脑力锻炼。花时间教狗狗不同的游戏和活动，这样你就可以很容易地在家中训练它们的脑力，并且不会使自己精疲力竭。在盒子里或在房子周围找到隐藏的物品，就是一个很好的脑力锻炼方法（172~173页）。学习新的技巧（160~185页）和训练会使狗狗主动地参与

△ **消耗能量**
自由奔跑的锻炼是必要的。它不但使狗狗感觉很好，回到家中它们也会变得更加乖巧。

到你的日常生活中来。这个方法的优势是当你想休息或不得不出去工作时，它们会乖乖地听话。

△ **定期训导**
学习新动作和技巧可以消耗狗狗的精力，并使你学会日常生活中可能会用到的技能。

小狗宝宝

　　小狗宝宝在锻炼时，需要小心。因为它们柔软的骨头和关节，不能行走时间过长。短时间的玩耍和自由奔跑有助于耗费它们的能量，也使得它们较容易喂养。狗宝宝和幼狗通常有一个"疯狂5分钟"：它们会竖起尾巴疯狂地全速奔跑。

营养摄取

狗狗日常所摄取的营养会影响到它的健康状态和抵御疾病的能力，甚至它们的行为。

恰当的食谱

和我们人类一样，狗狗需要摄取能为它们提供能量和营养的食物。营养成分齐全的狗粮应该包含以下物质：

- 脂肪
- 蛋白质
- 碳水化合物
- 矿物质
- 维生素
- 水

狗狗需要适当的脂肪和蛋白质比，以及10种必需的氨基酸、脂肪酸、矿物质和维生素等微量元素。虽然家中的饮食就可以包含所有营养物质，但许多主人出于省事的目的，从宠物食品制造商那儿购买营养配比齐全的狗粮。这些狗粮精致且能为狗狗提

供均衡的营养，但这些狗粮的缺点是，常常含有人工防腐剂、香精和色素。此外，食物在包装前预先烹饪，这可能令其丧失部分营养。这种食物的优点就是很方便，即便你在信誉好并为大众广泛接受的公司购买狗粮，也一定要确保这些食品能为你的狗狗提供所需的均衡营养。

有些主人喜欢喂食狗狗生肉、骨头和一些蔬菜来补充营养。这种做法的优点是，食物更天然绿色不含防腐剂。它的缺点是耗时，并很

▷ **健康的饮食**
你所选择的食物会影响狗狗的日常生活和行为，所以请为它提供均衡的饮食。

"经常调节狗狗的饮食，可以避免它们消化不良。"

狗粮的种类

在过去的几十年中，狗粮的种类和数量大幅度地增加。如今，你可以选择的狗粮种类琳琅满目，它们有：成品狗粮、罐装狗粮、小袋装的"天然绿色狗粮"。此外，还有专门为狗宝宝和上年纪狗狗开发研制的营养混合型小颗粒狗粮（"年老狗狗粮"）。另外，许多主人都喜欢喂狗狗自制的狗粮，称为BARF饮食（意为骨头和生食，或动植物生鲜食品），他们认为未经烹饪会更有利于健康。自制狗粮的朋友一定要精心合理搭配狗狗的饮食。

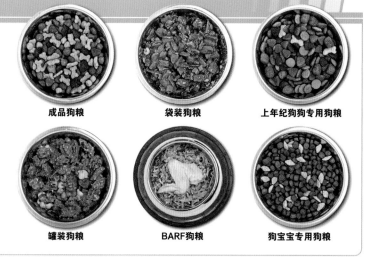

成品狗粮　　　　袋装狗粮　　　　上年纪狗狗专用狗粮

罐装狗粮　　　　BARF狗粮　　　　狗宝宝专用狗粮

啃骨头

狗宝宝在长牙时需要多啃骨头。只要有机会，成年狗狗也会继续啃骨头，来使它们的下巴和牙齿处于良好的状况。关于狗狗是否应该多啃骨头有很多争议。一些宠物专家反对狗狗啃骨头，因为它们可能会导致肠道问题。如果你想让狗狗啃骨头，请不要喂它们煮熟的骨头（会使骨头裂成碎片）。还要注意，如果你的狗狗啃食时间过长的时候，请把骨头拿走。另外，在宠物商店里你可以找到各式各样的烟熏骨、硬化骨、生皮和其他类型的骨头（94~95页）。

难确保所提供营养的均衡性。

饮食与行为

现有科学证据表明，饮食是否会影响狗狗的行为还缺乏足够的科学依据。不同的狗狗有不同的饮食习惯。与行为疗法的理论相似，通过不断改变饮食，观察能否改善问题是值得研究的问题。如果你的狗狗每次在饭后半个小时行为异常的话，它就可能对那些食物过敏，请咨询宠物专家该如何喂养你的狗狗。此外，经常调节狗狗的饮食以避免它们营养不良。

能量需求

不同的狗狗有不同的能量需求。比如，处于哺乳期的狗妈妈需要更多的热量来喂食它的宝宝；工作犬需要更多卡路里完成它们一整天的工作；寒冷条件下生活的狗狗，也需要更多的能量来保持体温的恒定。但是阉割后的狗狗需要的能量就会相对较少。请务必根据情况的变化来调整狗狗的喂食量，从而确保狗狗的健康并维持理想的体重（见图）。如果你正在给狗狗做大量训练的话，培训过程中的奖励也应该列入它们日常口粮的范围。

▷ **饮食过量**
喂食量过多会影响狗狗的健康，同时还会增加它们玩耍和锻炼时的难度。请根据图片来调整狗狗的喂食量。

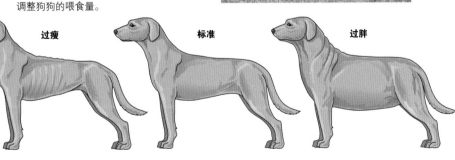

过瘦　　　　标准　　　　过胖

▷ **理想的体重**
就像我们人类一样，狗狗的最佳体重也是不要太瘦也不要太胖。过瘦或过胖都会损害狗狗的健康。

为什么狗狗需要玩耍

野生的狗宝宝玩耍是为了练习狩猎的能力，为它们能在以后的生活中求得生存做准备。家养的狗狗，则是通过玩耍来消耗其过剩的精力进而释放它们狩猎的天性。

天性

幼年的狼和家犬只要在能协调它们的身体后，就会通过游戏来练习狩猎和摔跤。这种玩耍的天性使它们身体更强壮，还能让

◁ **追逐的刺激**
牧羊犬喜欢追逐的快感，它能完全沉迷于玩具带来的快乐。玩耍能消耗能量，所以要适量，以免累坏狗狗。

它们练习狩猎时所需要的动作，所以即使被人类饲养的狗狗依然精通狩猎。尽管我们家中的狗狗已不再需要自己寻找食物，但本能使它们仍保留了这种习性，因此，狗宝宝需要有发泄这种天性的途径。它们通过追赶移动的物体、围捕、追逐、突袭来练习、增强并磨炼它们的本领。

游戏的种类

狗狗可以和我们玩的游戏有三种类型：追逐游戏、拔河游戏和一种叫咯吱叫的玩具游戏。

追逐游戏是最常见的游戏。教会狗狗把扔出去的玩具叼回来（138~139页），就是一个很棒的追逐游戏锻炼方式，还不会消耗你过多的体力。有些品种的狗狗可能更偏爱追逐游戏，比如牧羊犬，它们在选育时就专门培养喜欢追逐的特性。还有猎枪犬，它

> **"这种玩耍使它们身体强壮，还能练习它们狩猎时所需要的所有动作。"**

◁ 拔河比赛
拔河比赛对狗狗来说很有趣，特别是猎犬类和好胜的狗狗。但它们确实需要严格的规范以防止失控。

▽ 不感兴趣
有些品种的狗狗尤其是猎犬，对玩玩具并不十分感兴趣。如果能把玩具像小猎物一样移动，就能激发它们的兴趣。

们繁育的目的就是快速寻回猎物，是天生的寻回犬。

　　如果你的狗狗玩耍的热情很高涨，喜欢不停地奔跑，就要小心不要让它在炎热的天气里奔跑过量。要让它们分时分段地玩耍并在训练期间给它们足够的时间降温。

拔河比赛

　　猎犬以及其他一些意志坚定的狗狗喜欢拔河比赛。对于这类狗狗来说，这是它们最喜欢的游戏。有时它们通过咬住主人或训练者的袖子不放来玩这种游戏。拔河是一种力量型的游戏，由于这种游戏使得你和狗狗距离很近，所以你必须为游戏确立一些实用的规则：

■ 只允许狗狗和玩具玩拔河游戏，不能咬你的袖子或裤腿。

■ 当你发出停止拖拽命令时，狗狗必须立刻停止。

■ 你一定要在拔河游戏中获胜的

◁ 锻炼器材
喜欢玩玩具的狗狗更容易训练，特别是那些追踪到玩具后能捡回来交给你的狗狗。

△ 嗜杀本能
咯吱叫响的玩具对于有掠杀性的狗狗来说是一种强烈的刺激，它们享受"杀戮"时的吱吱叫声。然而，一旦玩具不再发出声音，它们通常会被丢弃。

概率多于狗狗。

■ 如果狗狗咬到了你的皮肤，游戏必须立刻结束。

■ 游戏结束时把玩具收起来，并把它们放好。

　　咯吱叫游戏　有强大捕杀本能的狗狗，特别是猎犬类，喜欢玩这种吱吱响的玩具，因为吱吱响的声音类似于受伤动物的噪叫。对我们来说没有什么吸引力，但对于狗狗来说这是不错的游戏。一些狗狗能在很长时间内保持玩具的完整性，而另一些则会迅速地摧毁玩具而

后立马对它们毫无兴趣。

　　不感兴趣　不是所有的狗狗都天生具有爱玩玩具的特性。如果给它们机会，它们更喜欢追逐活的动物。大多数猎犬属于这一类。特别是长大后，让它们玩玩具更是困难。但如果你能使玩具像小动物一样移动的话，它们也会喜欢上玩具。主人一定要有耐心，并能保持游戏的有趣和活跃。

带着玩具散步

　　如果你的狗狗喜欢追逐，记得在带它外出散步时带些玩具，以便你们能在一起玩。如果狗狗能集中精力玩玩具，它就不太可能因追逐其他的狗狗、慢跑者、自行车、牲畜或汽车等，而给你们造成麻烦。散步时，带着玩具也可以避免将木棍等有危险的东西扔向狗狗，因为木棍有可能会卡在地上，而鲁莽的狗狗会弄伤了自己的嘴巴。宠物专家已经接诊了许多这样的治疗案例。

舒适的生活
提供良好的营养、充足的锻炼并能满足狗狗的其他需要，这会使狗狗过上满足且愉快的生活。这样的狗狗更容易训练并且学得更快。

良好的游戏行为

教会成年狗狗玩游戏不是很难的事情，但需要你的耐心和恒心。当狗狗开始玩玩具时，先要使它们学会良好的游戏习惯，这样才能预防因为狗狗过于兴奋而发生意外事故。

教你的狗狗做游戏

大多数狗狗喜欢做游戏。但有些狗狗在幼年时没有和主人一起玩耍的经历，所以不知道怎么玩玩具。还有一些狗狗，过去可能训练过捡回物品，但却不愿自己用嘴叼住玩具。

与狗狗开始玩游戏的恰当时间是在狗狗已经兴奋起来以后。主人手里拿一个小玩具，手持一端，不规律地来回移动。保持玩具的移动，可以藏在家具后，也可以拿出来后又迅速隐藏起来。如果你的狗狗变得感兴趣，并过来寻找时，你再把玩具在它面前快速晃晃然后又藏起来诱惑它。当它第二次或第三次过来接近玩

△ 食物激励

用食物可以激励一条不喜欢做游戏的狗狗。通过在玩具里面藏食物，来让它对玩具感兴趣。通过追逐玩具后获得食物来告诉它，玩玩具是很有趣的游戏。

> "当狗狗**尽情玩耍**后，你就可以开始**训导**它们如何获得**良好的习惯**。"

具时，可以让它玩几秒再移走，然后重复这个练习。持续这样做下去，直到每当它看到玩具时，就开始摇动尾巴想要做游戏。如果让它对玩具感兴趣还是很困难时，可以把美味食物藏在里面来诱惑它。让它闻闻玩具，再放到它够不到的地方。当它寻找时，鼓励它去捡起玩具，如果有必要，就帮助它取出食物并赞美它。

良好的习惯

当你的狗狗有玩的热情并学会玩游戏后，你就可以训导它们如何获得良好的习惯。但控制终归不是一件有趣的事情，所以一定要等到它们能玩得很好之后，再开始这个阶段。

三条规则

为了培养狗狗的良好习惯，你必须教会它们做到以下几点：

■ 当你拿着一个玩具时，它必须是耐心地坐着等待，直到让它知

◁ 爱玩的狗宝宝

狗宝宝很容易被吸引到游戏中。它们喜欢柔软的玩具，尤其是在它们长牙的时候。

△ **保有控制权**
教会狗狗停止游戏，并在你提出要求后，迅速放开玩耍的这个玩具。这可以抑制狗狗过度兴奋，使狗狗学会自我控制。

求停止游戏，当发出停止命令时，就迅速结束游戏，并从它的嘴中拿走玩具，可以用一些好吃的作为交换。同时，在语言上要赞美它放下玩具的行为，然后再决定你们是否还要再玩一次。如果它不肯放下玩具，就停止一切动作不理它。当狗狗自己决定不再叼着玩具不放时，主人千万不要吝啬你的赞美啊。

游戏的益处

　　和你的狗狗玩游戏会带来许多的益处。比如，建立亲密的关系；帮它找到一种发泄精力的方式，并保持狗狗的身材。在游戏的最初阶段选择它最喜欢的玩具和它最感兴趣的游戏，然后再慢慢增加其他类型的游戏和玩具。游戏时，那种轻松愉快的时光会使你们乐在其中。

道只有在你已经完全准备好时，才可以开始游戏。

■保证狗狗的牙齿在游戏期间远离你的手。

■当你说停止时，狗狗立刻停止游戏。

　　教会这三个规则将会确保所有的游戏都在你的掌控之下，不会

△ **玩游戏的请求**
虽然玩游戏的热情需要一段时间来培养，一旦成年狗学会了如何玩的时候，它就会经常要求主人陪它玩游戏。

给你带来受伤的危险。训练狗狗在游戏期间牙齿远离你的手，如果它的牙齿已经碰到了你，可以使用直接停止游戏然后走开的方法，这样下次它就会小心。教会它按命令要

梳理和触摸

定期的梳理和触摸可以帮助狗狗完成基本的身体养护程序。在为狗狗服务的同时，它们也体会到你对它们的关爱从而满足它们的情感需要。

触摸的需要

除了玩耍、搏斗或交配的时候，狗狗本身很少相互接触。主人要多和你的狗狗接触，这样不仅可以和它们进行基本的活动，也能表露主人对它们的关爱。狗狗在这个过程中必须学会相信主人不会伤害到它们。

虽然狗狗成年后，也可以接受这些触摸，但这项工作应从狗狗幼年时期就开始进行。主人应该

对狗狗多进行友好而温和的触摸，但时间不要太长。慢慢地移动你的手，直到狗狗接受你的行为，并确保它是在充分放松的情况下再进行下一个阶段的护理工作。

克制

我们不仅要让狗狗明白我们对它做的一切没有任何伤害，还要让它明白如何与你配合。这是很重要的训练内容，在狗狗生病或受伤时，如果做不到这点，有效地护理将是非常困难的。逐渐让你

△ **避免挣扎**
训练你的狗狗温顺地接受和习惯于克制自己。如果它生病或者在意外事故中受了伤，这都将为它成为一个配合的患者打下基础。

▽ **定期按摩**
为狗狗定期进行日常护理、梳毛和按摩将有助于你们建立和发展信任的关系。

的狗狗适应被抱着和控制，但你的手要轻柔、温和，并在它试图离开时稳固地握住它，不过注意不要用你的手指抓到它，并在它平静和放松的情况下放开它。

梳理打扮

有些品种的狗狗需要更多的梳理和打扮。但毋庸置疑的是，所有狗狗都会在日常检查和护理中受益。狗狗的被毛是由里层短而蓬松并具有保温作用的绒毛和外层可以用来遮挡风雨的防护粗糙毛发组成。选择性育种繁育出了各种各样的被毛类型，同时也对修饰方式提出了不同需求。有些品种的狗狗会自行脱毛，而有的需要修剪，还有一些狗狗需要手工剪掉旧毛。但不管你的狗狗需求是什么，你都要确保当你拿起刷子和梳子时，它会享受这些体贴的护理过程。

光滑的　　　　斑点的　　　　粗糙的

硬毛的　　　　卷毛的　　　　长毛的

剪指甲

请宠物专家院和美容院的专业人士来帮你给狗狗剪指甲，不失为一个好主意。这样可以避免剪到狗狗的嫩肉或指甲末端的血管和神经。要让你的狗狗适应指甲钳剪指甲和它们的足爪被抓住时的感觉。

洗澡

狗狗的油性被毛能帮它们抵御外界的危害，但却容易变脏和有味道。被养在家中的狗狗，虽然能避免一些恶劣天气的影响，但并不能成为狗狗不经常洗澡的理由。你所要做的还是要确保它们喜欢和享受洗澡，并在洗澡后配合吹干毛发。

△ 保持整洁

那些长着长长、柔顺被毛的狗狗需要每日梳理并定期做美容护理。

抚摸的优势

一旦你的狗狗已经习惯于日常的抚摸，它将非常享受梳理和按摩的过程。主人可以利用梳理和按摩的时间快速地为它们进行健康检查，观察是否有寄生虫、肿块、伤口或需要宠物专家照料的异常情况。

△ 修剪时要小心

小心不要修剪到足爪上的嫩肉。询问宠物专家、护士或专业狗狗美容师来告诉你怎么做或交给它们处理。

美容器具

不同的被毛类型有不同的美容器具可供选择。选择适合狗狗的工具，会让狗狗的被毛柔顺不打结。如果你的狗狗长有长而卷曲的被毛，最好咨询专业的狗狗美容师。

刷子和梳子

这些工具有不同的功能，请根据狗狗的被毛长度和类型选择适合的款式。

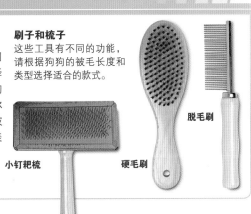

脱毛刷

小钉耙梳　　　　硬毛刷

选育和绝育

实际上，人类在很大程度上控制着狗狗的交配种类和培育出来的幼崽。主人们可以根据需要决定是否给他们的狗狗绝育或让其过顺其自然（未绝育）的生活。

宠物主的责任

未绝育的狗狗，无论是雄性或雌性都比已绝育的狗狗拥有更为复杂的行为，因为这些行为会促进交配，如果没有妥善处理会导致一些麻烦。如果意外交配发生，你将不得不为刚出生的狗宝宝寻找合适的家庭。仔细考虑是否做好迎接小狗狗的准备，如果你不期望这样，就应该考虑是否为狗狗做绝育。

未绝育的公狗

未绝育的雄性狗狗总是对它们附近范围的其他狗狗感兴趣，因此它们要花费大量的时间来嗅闻气味，标记和核查有繁殖能力的雌性狗狗，同时搜集其他未绝育公狗的信息。

如果狗狗寻找到能交配的母狗的气味时，它们就会扩大它们的领地，变得好斗并努力追踪和找到母狗。未做绝育的狗狗交配欲望强烈，它们可能表现为不太听从主人的命令。有些狗狗甚至表现为咆哮、不吃食并且会往人的腿、靠垫或其他"适合"的物件上爬。

△ 划分领地
雄性狗狗处于发情期时，睾丸激素会引发大脑的变化。在它举起腿小便时，划分的领地也更为准确。

▽ 闲逛
如果未绝育的公狗追踪到母狗的气味时，可能会离家出走或在散步时跑掉来追踪母狗。

▷ 新的生命

给一窝小狗狗找到合适的主人不是一件容易的事情。它们需要宠物专家、高质量的食物、定期的护理和大量的早期训导。

▽ 母狗的竞争

如果未绝育的雌性狗狗共同生活在同一个屋檐下，可能会在发情期产生紧张的竞争和搏斗。

未绝育的母狗

　　未绝育的母狗发情周期大概间隔6个月，持续两周左右。在这期间，它们会接受未绝育的公狗的求爱。此外，它们还会表现出情绪的变化或与其他雌性狗狗争斗，甚至可能会试图逃跑去寻找配偶。如果这期间没有完成交配，大约两个月后它们也会有怀孕的幻觉，如它们会筑巢、产奶和照顾并不存在的幼崽的替代品。

绝育

　　宠物专家在麻醉狗狗的情况下为其做绝育的手术，切除它们的生殖器官。这使它们没有寻求伴侣的欲望和相关行为。手术通常是在雄性的青春期和雌性的第一次发情后进行，也可以在这之前或之后进行。绝育对于雌性狗狗来说是必要的，它降低了可能威胁它们生命的子宫感染和乳房肿瘤的风险。但是绝育的雌性狗狗患尿失禁的风险会增加。对两种性别的狗狗做绝育可能都会出现的缺点包括：被毛的变化、食欲增强等。食欲增强可能会导致狗狗体重增加，除非主人能够限制其食物的摄取。绝育只会消除因循环性荷尔蒙引发的欲望，却不是解决所有问题的万灵药。

遗传疾病

　　为了繁育有完美外观的狗狗而采取的选择性繁殖可能导致可交配伴侣数量的降低。而狗狗的父母也常常因为血统相近而增加了遗传疾病的风险，所以在购买一条狗宝宝之前，要检查它的父母有没有遗传疾病。遗传性疾病的测试和在繁育过程中去除狗狗现有的疾病，对于繁育健康的狗宝宝和消除狗宝宝未来的健康隐患是十分必要的措施。

"与一条**未绝育**的狗狗**生活**在一起，要比与**已绝育**狗狗的生活**复杂**得多。"

▷ 去除麻烦

已绝育的狗狗会更愿意和主人待在家里，不会溜出去追寻它们的伴侣。

与年龄相关的问题

狗狗生活的每个阶段都会给主人带来不同的**挑战**和责任。**幼崽阶段**是最耗时也是重要的阶段，因为它们在第一年形成的**习惯**和**行为模式**将会影响它们的一生。**青春期的狗狗**会为它们的主人带来很多问题，这些问题都需要一个一个的**攻克**。当**狗狗年老**时，你所要做的就是如何让它们活得心满意足并帮助它们克服因年老而带来的**困难**。本篇将帮助你应对未来所要面对的种种**挑战**，提供必要的信息，使你的**狗狗**一直能拥有**轻松的生活**。

生命中的重要课程
幼崽时期是发现世界、构建良好习惯以及学习如何与人类生活的关键阶段。

幼崽时期: 第一年

狗狗出生后的第一年是它们性格特征和行为习惯形成的关键时期。狗狗性格的好与坏在很大程度上取决于饲养者和新主人的努力程度。

社会化

影响狗狗成年后性格特征的关键时期就是在它出生后12周，也就是说，在这个时期它所接受的社会化程度会影响到狗狗的性格。在这关键的时期，主人应尽力帮助小狗狗与人类以及其他动物交朋友并获得愉快的体验。

在幼年时缺乏和人类及其他宠物接触，可能会导致一条小狗

△ 品格的建立
愉快地与各种类型的人、动物接触，对于幼犬形成友好、适应力强的性格非常重要。

狗面对不熟悉的情况，比如面对孩子或其他动物时会感到害羞。这种胆怯的性格在它们长大以后可能会演变成攻击性行为。

此外，幼犬需要熟悉家里和室外的日常生活环境，包括真空吸尘器声、汽车声、脚步声、容易打滑的地面和噪声等。这是因

▷ 奖励好的行为
告诉你的小狗狗什么是它应该做的而不是告诉它别做你不想让它做的事情，这样会使训导变得更容易和更亲切。

为你的小狗狗生长在家庭的环境下而不是在外面的窝里。育种者或狗狗的主人都必须确保幼犬在幼年时期能多在愉快的氛围里接触陌生人和其他动物，让它们感受各种环境的刺激。这种过程要一直持续到它们成年。

良好的习惯

与社会化需求相同，需要确保小狗狗在前12周获得良好的教育，使它们获得良好的行为习惯，成为一个有良好行为的狗狗。在这个关键时期，狗狗建立的好习惯会持续一生，坏的习惯也一样。

狗狗需要持续的监护，以帮助它们做出正确的选择。对于主人而言，在教育、训练你的狗狗的同时，也要确保你自己要做正

△ 温柔的接触
一点一点地让狗狗接触我们生活中的日常物品，将会使它们感觉安全和舒适，也让它们的世界看起来比较安全。

确的事情，这个同样重要。带有奖励的训练，正如本书中所展示的例子，将会帮助你训练出一个积极回应的狗狗，并在基于爱与信任的基础上，使你与你的狗狗建立一种良好的关系。

> "一条**小狗狗**应该是**出生和成长**在**家庭**的**环境里**而不是在**窝里**。"

设定界限

　　设定界限也是很重要的，这样你的狗狗就知道什么是可接受的，什么是不能接受的。在它们进入青春期之前，狗狗喜欢取悦它们的主人，所以尽量利用这段时间来教会它们什么是能做的，什么是不能做的。让你的狗狗意识到它不能随心所欲，这将帮助它们学会如何应对挫折。确定不让狗狗做的事情，就要让你的狗狗知道一旦你做了决定，就不会动摇。这样它就会明白你的意志力要比它强大。这种做法会令它在以后不会挑战你的权威。如果你在它成长过程中树立了应有的威信，那么在它长大以后，在许多重要的问题上，就不会去挑战你。

△ **被忽视的坏行为**
切记一定不要忽略任何你不想要狗狗获得的行为。当这种行为出现时，坚决不奖励。一旦你的狗狗明白这种行为得不到任何奖励时，它就会渐渐地放弃这种行为。

▷ **分散注意力技巧**
如果出现"自我奖励"的行为，比如从桌子上偷走食物，主人可以通过玩具的引导来分散狗狗的注意力，阻止这种不好行为的发生。

解决狗狗的问题

小狗狗在来到我们家庭之前没有接受过训练。我们不仅需要精心地训导它们如何去做，而且还要纠正其不好的行为，防止养成坏的习惯。

咬着玩

这是狗狗最普遍的问题之一。顽皮的狗狗有时候会咬我们的手脚、胳膊和脸来发出让我们陪它们玩的信号。当它们在与其他狗狗摔跤和撕咬嬉闹时候，这种行为是很正常的，但它们与我们这样嬉闹时，其锋利的牙齿就可能会伤到我们，因此这种形式的玩耍就不可以接受。我们需要通过训导其玩玩具来代替这种撕咬的行为。在与狗宝宝互动时，手里要选择柔软的大玩具，来回晃动玩具的同时保持身体的静止，这样狗狗就会喜欢上追逐和抓咬玩具。逐步推进游戏，并时而让狗狗能咬到玩具，如果你有孩子也可以鼓励他们这么做。一旦你的狗狗学会了如何玩玩具，它就不乱咬东西了。

咀嚼

咀嚼是长牙时期狗狗的另一种常见行为。在这个时期，给狗狗提供足够多的磨牙工具，是保证你的鞋子和物品不会被咬坏的秘诀。要监督好狗狗，特别是周围有适合它们咀嚼的物品时，你更要确保已经给它们提供了充足

△ **玩玩具**
教你的狗狗和玩具玩耍，而不是和你的手，这能阻止它乱咬，同时给它提供了一个实现想跟我们玩的愿望的机会。

◁ **咬着玩**
狗狗通过咬我们的手来发出想跟我们一起游戏的信号，就像它和自己的同类一起玩耍时那样。出现这种情况时，就把你的手移开并结束游戏。

咀嚼物的种类

市场有许多不同的咀嚼物可供选择，从传统的生牛皮到经过消毒、填充和烟熏的骨头。把食物装到带孔的结实玩具里或消毒骨里，一旦狗狗忙于啃咬你提供的玩意，就不会乱咬家里的物品。这还有助于引导和消耗掉它们强大的咀嚼愿望。

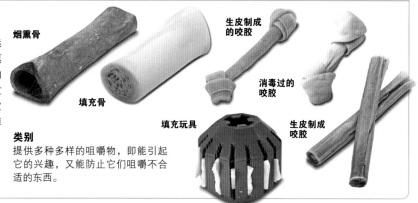

烟熏骨

填充骨

填充玩具

生皮制成的咬胶

消毒过的咬胶

生皮制成咬胶

类别
提供多种多样的咀嚼物，即能引起它的兴趣，又能防止它们咀嚼不合适的东西。

的咀嚼物。小狗可能很快就会厌倦这些为它们提供的东西，转而对它们不能咀嚼的东西感兴趣。解决这个问题的办法就是，每隔几天就用不同的咀嚼物替换旧的，这样就会保持它们探索和咀嚼的乐趣。同时要注意的是另一个咀嚼阶段，这个时期大约出现在狗狗7~10个月时，也就是它们处于青春期的阶段。

在家中的训练

如果狗狗出生后就把它们放在一个准备好的、干净的窝里，那么训练狗狗上厕所就会变得简单容易。帮助它们认识到整个房子都是它们的居住环境，在这几种情况下要尽量带它们出去：

■每次喂完之后。
■玩耍、锻炼或有趣的游戏之后。
■睡觉醒来之后。
■早上的第一件事和晚上的最后一件事。
■每次至少一小时。

这时，你要陪狗狗一起待在外面，否则它将太孤独，并且会到处跑、嗅探而不能集中注意力。

▲ **找到一个合适的地点**
当狗狗需要去上厕所时，你就陪它一起去。这样会帮助它们放松，有助于它排便。

如果你在前两周精心照顾狗狗，在它看起来要上厕所的时候就带它们去的话，它会降低犯错误的概率，从而更好地接受训练。

狗宝宝训练课程

带领狗狗参加一个培训课程不仅可以提高你的训练技能和技术，也为你的狗狗提供了与其他狗狗和人类交往的途径。要确保培训师使用积极的方法，避免狗狗受到伤害。可以上一些专门为20周以内的幼犬开设的课程。此

▷ **专家指导**
一个经验丰富、合格的培训师会给你很好的建议，协助你解决狗狗出现的任何行为问题。

> **"一旦你的狗狗学会了如何玩玩具，并能做得很好时，它就会停止乱咬东西的行为。"**

外，小班培训能够使狗狗获得更多关注，而且一个有着丰富狗狗行为知识的教练，会帮你解决很多问题。

度过青春期

青春期是一个比较麻烦的时期，所有狗狗的主人都需要在这个阶段做好准备。不过，也不要过度担心，只要你有正确的态度和顽强的毅力，这段时期不仅会很快结束，还会为你带来一条可爱的、成熟的狗狗。

探索外面的世界

小狗狗需要我们的照顾，所以它们努力表现得可爱，并以此来吸引我们的注意力，这些都会使我们感到愉快，但在大约六个月龄时，它们开始进入青春期，态度就会发生明显的变化，这时你可能觉得实在是难以接受。这个时期，它们的注意力会自然地转移到外面的世界，因为所有与生殖有关的激素开始分泌。我们会突然发现，它们开始对自己周围的环境非常关注，而且这个世界中的一切都会成为它们关注的焦点。而在此前，它们一直把如何取悦我们作为焦点。现在，你的狗狗已经长大，变得更强壮、更独立了，与探索世界相比，你不再那么重要，它们开始积极地关注外界而忽略你的存在。

困难期

这些对狗狗的主人来说，简直不亚于一场噩梦，除非他们有足够的心理准备。他们所付出的努力似乎都付之东流，因为狗狗表现得叛逆，并且总是不听话。幸运的是，青

△ **失去兴趣**
跟狗宝宝不同的是，青春期的狗狗把精力都集中到了外面的环境和事物，对它们的主人只是偶尔感兴趣。

春期是短暂的，会自然地结束。狗狗大约在一岁时长大成熟，而一些个体较大的品种则在大约3岁左右才长成成年狗狗。如果你能陪它度过艰难的青春期，狗狗会自然恢复到你所熟悉和喜爱的样子。

叫不回来

在狗狗的青春期，散步时最容易出现问题，狗狗会跑开并不听你的命令。这是因为青春期的狗狗有其他令其更感兴趣的事情去做，比如通过探索和嗅探来确定谁来过它的地盘、留下了什么。同时它们也留下自己的气味来警示其他的狗狗。在这段时

◁ **诱人的样子**
它们用大大的眼睛、忍俊不禁的短脸盘来讨你的欢心，让我们心甘情愿地照顾和满足它们的需求。

间，它们有着成年犬的活力和能量，但却缺乏避开麻烦的知识和经验。以前，你能很轻松地叫回狗狗，现在你不得不把它们拴起来，为了防止它们跑开，也是为了避免它们陷入困境。

与其他狗狗的矛盾

青春期的狗狗可能会遇到

△ 青少年阶段
像我们人类一样，狗狗的青春期也是自然的事情。在这个过程中会伴随着一些行为的变化，直到它们长大成熟。

麻烦，因为它们要想与这个区域的其他狗狗分出个胜负，比出个高低。如果你的狗狗已经遇到敌人了，请帮助它远离不了解的狗狗，只允许它们和友好的狗狗交往。

别放弃

狗狗在青春期时，许多狗狗的主人开始抱怨，因为许多狗狗开始逆反，不回应指令。这使一些人遗弃它们的狗狗，把它们送到救护站，这些都是不必要的。青春期只是一个阶段，过了这个阶段，狗狗成熟后，它们又会来讨好你了。这个时期尽量不要提太多狗狗不能实现的要求，但可以温柔地让狗狗按照你的要求去做。

▽ 保持控制
在这个时期，建议主人在散步过程中使用狗绳，防止狗狗忽视了你的召回命令而招惹麻烦。

老年狗狗

像我们人类一样，伴随着年龄的增长，狗狗的步伐也会逐渐缓慢，它们的身体也开始变老、衰退。狗狗主人了解和适应它们的这些变化将能够帮助它们在满足和快乐的状态下进入老年。

年纪的影响

狗狗的寿命有着巨大的差别。巨型犬比如大丹犬（Great Dane），如果能活到九岁就是非常幸运的，而杰克罗素猎犬（Jack Russell Terriers）则能活到20岁。一般的规律是，大多数狗狗在10岁以后就进入了"老年期"。在这个阶段，它们的身体不适宜剧烈活动，并且随着年龄的增长，身体开始缓慢地衰老。伴随着年龄给身体带来的变化，它们的反应变得迟钝，容易疲劳，睡眠的时间也越来越长。此

外，感觉迟钝也导致它们对外界信息的敏感度降低。狗狗的眼睛和耳朵最先开始衰退，随后嗅觉也变得不再灵敏。白内障会遮挡狗狗眼睛的晶状体，使它们看东西变得困难，同时，听力范围变窄，听到的声音会模糊甚至失真。由于对周围环境的不确定，年老的狗狗可能会做出一些与以往行为不相符的事情。可能会因为没

◁ **快乐的老年时光**
主人要帮助他们的狗狗克服这些因年迈而带来的困难，让它们的老年生活过得满足。

◁ **不要打扰它们**
年老的狗狗需要更多的休息，如果能为它们提供一个舒适、温暖又安全的地方让它们睡觉，就不会打扰到它们。

听到你的走近而在你抚摸它时意外地咬人。所以，你要轻轻地走近它，在它们身边站一会儿，让它们闻到你的气味之后再抚摸它们，这样可以防止被咬到手指。随着感官的衰退，关节疼痛也会导致狗狗身体的僵硬，让它们行动困难，这会使它们看起来懒懒的不愿动弹。如果狗狗觉得它们被移动时十分疼痛，也会防御性地咬人，尤其是孩子们不了解它们的身体状况时。

△ **感官的衰退**
年迈的狗狗可能会因为吓一跳而自卫咬人。这完全是因为它们没有注意到有人走过来。

◁ **衰老的关节**
僵硬和疼痛的关节会使年迈的狗狗不爱活动。宠物专家可能会建议用医药和轻柔的运动来缓解狗狗关节的衰老，帮助它们继续参加活动。

慢下来

要想让你的狗狗幸福地活到老年，主人需要让它们保持活跃并参与到家庭生活中来。比起以前，它们需要更多的睡眠，当它醒来的时候，要陪狗狗玩并鼓励它们去锻炼。如果狗狗能成为家庭的一部分，将会对它有很大的帮助。不要因为狗狗睡得时间长就忽视它的存在。散步时，主人也要调整自己的速度，让狗狗觉得舒适，受重视，不能对狗狗要求过高。

与年迈狗狗相关的问题

　　如果你能成功地解决年迈狗狗常见的问题，那么与年迈的狗狗生活在一起会变得相对容易。你只需要有一点点的耐心和理解，许多困难就会迎刃而解。

汽车旅行

　　年迈狗狗常见的问题基本上都是由于身体和思维的衰退而引起的，但你所做的努力却能让它们在生命的最后几年里感觉到安全和满足。例如，如果让一条步履蹒跚的狗狗自己上车，它可能会胆怯。这时就需要你来帮它上车，不管是抱着它还是利用斜坡的方法，使其不伤害才是最重要的。上车后，给它一个软床垫，将其安放在适当的角落，这样会防止道路颠簸使其失去平衡而跌落。

恐惧症和焦虑

　　在生命的尽头，感官衰退和自信的缺失，可能导致一条年迈的狗狗患上恐惧和焦虑症。曾经能容忍的噪声，如雷声、烟花和滴打在屋顶的雨声，可能都会让它们感到恐惧。在这样的情况下，在它感到威胁时，你要给予它们更多的理解和耐心。

　　除了一些特定的恐惧事物，年迈的狗狗还会有其他的恐惧，比如不能忍受单独留在黑暗中。在这种情况下，主人需要给狗狗换个睡觉的地方，比如让它们睡在主人的附近，它们就会感到很安全。如果问题还得不到解决，可以向宠物专家求助，他们会给狗狗开些药物或进行行为治疗。

定期体检

　　在年老时，狗狗许多行为的改变和问题的出现都是由于身体状况引起的，比如关节炎的疼痛会使狗狗发生行为的改变。所以主人带

△ **如何抱起狗狗**
如果你有一条年迈的狗狗，想把它放进汽车或因其他原因需要抱起它时，要小心不要挤到它，这样会弄痛它们原本就很疼痛的四肢。

▷ **进入汽车的斜坡**
当面对身形巨大而笨重的狗狗，自己跳不起来，而你又抱不动它们的情况时，就需要有一个特别设计的斜坡来帮助它们上车。这将使它们上车变得容易，并能降低不适感。

> "在生命末期，**感官的衰退**和**自信的缺失**，可能导致一条年迈的狗狗患上**恐惧**和**焦虑症**。"

△ **最少的改变**
如果你的狗狗有视力问题,尽可能不要改变家具的位置,这能保证它安全地在家中走动。如果改变位置是必需的,就尽量一次完成。

狗狗定期检查就十分重要。由于衰老而引发的变化会慢慢地出现,所以请宠物专家为狗狗做定期检查有助于及时发现问题并进行治疗。

认知功能障碍综合征

这种病症类似于人类的老年痴呆症,认知功能障碍综合征会影响年迈狗狗的生活。疾病症状表现:

■ 混淆或迷失方向,比如迷路或被困在角落里。
■ 晚上会醒或改变习惯的睡眠姿势。

△ **思维混乱**
年迈的狗狗可能会变得糊涂。你可能会发现,它们会迷失方位或在想出门时走错方向。这时你可以咨询宠物专家,询问药物治疗是否有效。

定时的重要性

随着狗狗年岁的增加,它们会变得脆弱,因此,定时就显得非常重要。定期喂食、运动和适当的梳洗以及适量的饮食,将有助于在训练停止的情况下狗狗身体运转良好。年迈的狗狗睡觉时间较长,主人容易忽视它们的存在。程序化会帮你记得何时给你的狗狗关爱、娱乐和满足它们的需求。

■ 训练变得困难。
■ 集中注意力时间变短或容易发呆。
■ 步伐不再轻快。
■ 不认识家,不再对你表现友好。

这些症状有些是自然老化;有些则可能是由于药物引起狗狗大脑的变化。

▽ **更多的关爱**
给年迈的狗狗更多的关心、理解和高质量的生活,会使它们的老年生活过得舒心。

3

基本
训练篇

狗狗是如何学习的

良好的基础

狗狗是如何学习的

在成为一个成功的教练之前，你必须先知道狗狗是如何学习的。掌握了这些知识，所有培训任务对你和你的狗狗都会变得很轻松。本篇将为你讲述**成功训练狗狗**所**需要**的基本知识，比如如何**让你的狗狗做你想让它做的事情**，并为它的**回应做出奖励**。这些专业性的建议包括什么时候奖励，什么时候不奖励以及用什么替代等。此外，你需要明白为什么**奖励的时机**是培训**成功的关键**，以及学习如何将奖励和训练建立**联系**。最后，还要学习如何能够轻松地帮助你的狗狗戒除坏的习惯。

积极的训练
如果是狗狗最感兴趣的事情，那么它会学得很快。基于奖励基础上的培训对于狗狗和主人都是非常有趣的。

尝试、犯错和成功

如果我们想在不引起狗狗混乱的情况下，轻松地教会它们如何回应我们的指令，那么，了解狗狗是如何学习的就显得非常重要，这些知识会大幅度地减少培训所花费的时间。

学习进程

就像我们人类一样，狗狗在学习时会经历尝试、犯错和最后获得成功的过程。它们会被反复地教导什么是正确的行为，避免那些不会被奖赏或引起不快的行为。例如，一条狗狗在火炉前烫伤过它的鼻子，下次肯定就不会再靠近它。同样，小狗狗想通过

◁ **学习**
压盖箱子里食物的香味会让狗狗努力去寻找得到它的方法。一旦狗狗学会了，它就能轻松地重复这个动作。

吠叫得到关注，如果被忽略它将停止这种行为。如果狗狗跳起来去欢迎它的主人，主人过激的反应和关注会使它重复这个动作，并很快形成一个难以改掉的坏习惯（188~189页）。

学习如何回应

我们可以利用奖励的方法来

△ 获得回应
教狗狗对一个指令做出响应，你需要找到一种方式并让它按你的要求行动。

△ 暗示的回应
一旦小狗已经明白你想要它做什么，你就可以进行暗示训练。

◁ 尝试和犯错
因为狗狗没有足够发达的大脑来帮忙解决问题，所以狗狗需要尝试不同的动作，直到尝试到一个正确的动作。

△ 成功！
这条狗狗在重复了多次之后，才知道怎样能成功地叼着木棒穿过大门。

三分钟规则

　　我们的狗狗大部分时间都很难注意力集中，所以要让训练的时间控制在3分钟之内。设置一个计时器，这样就可以避免训练时间过长，让你和狗狗都十分的疲倦和沮丧。相反，如果每次的训练时间较短，当狗狗还兴奋的时候就结束训练，会有一个不错的结果。如果必要，还可以返回到简单的训练，这样你们都会期待下一次训练的开始。

让狗狗重复我们需要的行为，避免那些我们不喜欢的行为。我们也可以用这种方法，训练我们的狗狗来回应我们的指令，比如叫它时的应答行为（124~125页）或趴下的行为（126~127页）。训练狗狗做我们要求的行为时，需要做的就是让它执行动作然后奖励，这样下次它就会重复这些行为了。

　　狗狗不明白我们在说什么（尽管有时人们认为它们好像能听懂，就像它们能看懂我们

的肢体语言一样），因此，不能用语言来告诉它们我们希望它们做什么。只要狗狗做出相应的反应，就给予它们奖励。训练得多了，它们就会明白在什么情况下才能得到奖励。我们可以在让它们做出动作之前，发出声音或手势指令。

训练举例

　　如果你希望狗狗按你的要求趴下，可先通过食物诱惑的方式让它进入学习阶段（110页）。一旦它的肘部碰到地板，就喂给它食物。重复上述练习直到它知道怎么做才能得到奖励。然后通过手势或声音提示来让它"趴下"（110~111页）。经过多次重复，它会明白，当你给出特定的信号时，如果它趴下就会得到奖励，于是，它就会在你每次给出指令时做出回应。训练它在各种情况下这样做（114~115页）。当它学会如何回应暗示，你就可以减少奖励（116~117页）。

奖励

奖励是训练获得成功的有效因素。知道如何使用奖励以及让你的狗狗懂得怎样才能获取奖励，将会使训练变得更容易也更愉快。

奖励的种类

训导狗狗时，当它做出你需要的动作时马上奖励它。奖励的东西一定是它最想要的，奖励什么取决于你的狗狗的喜好，下面列出了一些可选项：

食物 因为食物是相对快捷和便利的奖励措施。可供培训使用的食物有：

■美味的——肉比任何食物都能吸引狗狗。

■香喷喷的——狗狗的味觉相比嗅觉要差一些。

■湿润的——湿润的比干巴巴的食物要好。

■柔软的——较容易弄成小块。

■容易打理——这样就不用在狗狗吃完后清理掉在地上的碎屑。

■适量——喂给狗宝宝的食物需要弄碎成豌豆大小，体型大些的狗狗可以放宽标准。这些足以奖励简单的训练。较难的任务需要更好或更多的食物奖励（见下文）。

游戏 如果你的狗狗很爱玩耍，但食欲不佳，游戏就是非常有用的措施。与食物相比，你需要花费更长的时间来奖励它，因为需要玩一个小游戏，在那之后你必须把玩具从它那儿拿回来。对那些爱玩的狗狗，游戏能给它们提供强

△ 小奖励

如果狗狗胃口较好，它就会为获取小块食物而努力。你可以用一个专门的小口袋来装食物，这样可以防止小块食物黏在你的口袋里。

有差别的奖励

找出狗狗喜欢的所有东西，然后按照喜欢程度由高到低排序。用最低的来奖励简单的任务，如坐下（122~123页），最高的来奖励高难度动作，如在和其他狗狗玩耍时把它们召回（148~149页）。当然，狗狗的喜好也会随时间而变化，所以主人也要密切注意它的喜好变化。狗狗很容易感到无聊，不同的奖励将有助于让你的狗狗表现得更出色。

奶酪块

训练用的奖品

肉块

熏制香肠片

湿润的奖品

熟鸡肉

熟香肠

△ 社会认同感

要使狗狗获得社会认同感，就必须要与你的狗狗建立真正密切的关系，这比简单的拍拍它的头更有效。

大动力，可在有难度的任务时使用，作为食物之外的重要奖励。

社会认同感

　　以赞美、关爱和抚摸的形式来表现你的友善，这对于社会型的动物来说是非常值得期待的回应，特别是如果你和狗狗已经建立了良好的关系（66~67页）。因为宠物通常不会缺乏这种关爱，友善的表扬作用有限，但这些赞扬仍然是除食物和游戏以外的一个有效补充奖励。特别是当减少奖励食物的数量时，这种奖励确实十分有效（116~117页）。

△ 用玩具做游戏

用玩具做游戏，对于知道如何玩玩具的狗狗，是一个美好、愉快的奖励。这种奖励方式也适用于食欲不佳或对传统的食物奖励不感兴趣的狗狗。

> "找出**所有狗狗喜欢**的东西，按喜欢**程度**由**高到低**排序。"

想要获得的奖励

　　判断你的狗狗在特定的时候想要什么，及时提供才是成功的关键。正如你在一天或者一周内渴望的东西不同，你的狗狗也是这样。训练玩玩具之前，可以使它处于饥饿状态，那么得到吃的东西就会使它很活跃。如果它对培训不感兴趣，要努力找到什么能激励它，能使它对培训感兴趣。

使其生效

我们不能向狗狗解释我们希望它们做什么，所以我们需要找到其他方式让它们做出要求的动作。你可以采用多种方式让你的狗狗来完成某种动作。

完成动作

为了完成特定的动作，可以尝试以下方法：

诱惑 你可以拿一块香喷喷的食物在狗狗鼻子前晃动，再将食物朝着要诱导它去的地方挪动。食物的大小要以能让狗狗舔到和咀嚼到为准。这样你在移动食物时它就能跟着你走，在不知不觉的情况下，它的脑袋和身体也会跟着过来。

一旦狗狗到达指定区域，就以让它吃掉食物作为奖励，这样它就明白走到那个位置就会有好吃的，下次它也会很愿意这么做。对于经验不足的狗狗，引诱是特别有效的方法。

塑造 如果狗狗按要求走到指定位置后获得奖励，它就会明白，朝那个方向走就有奖励。你是在通过奖励来塑造它的行为，一点一点地让它向着理想的目标前进。这个方法对于那些有经验、知道你想让它做什么并尝试以不同的行为来了解你的意图的狗狗，是非常有用的。这类似于孩子们玩的"反复无常"游戏。

移动的目标 如果通过一系列的训

△ **同类间的学习**
狗狗能很快地参与到本能行为当中，如向陌生人吠叫，但它很难通过模仿学会其他狗狗复杂的行为。

◁ **奖励诱惑**
引诱是一种很容易做到的方法，它可以教会没有经验的狗狗移动到不同的位置，这样它就可以获得奖励。

练后，狗狗学会了用它们的鼻子或爪子来触碰一些目标物体后，你就可以通过移动目标物使它们到达不同的地点。如果你希望你的狗狗学会一些非本能的行为，如关灯或按踏板等就可以尝试使用这种方法。

模仿 狗狗很难模仿其他动物的行为，所以用这种方法完成培训目标不是很有效。狗狗加入到伙伴中就能学会本能的行为，如向陌

△ **定向训练**
通过移动目标物的办法来让狗狗学会它们不愿做的事情。这条狗狗正在学习如何用它的鼻子来关上柜门。

生人吠叫，但它们很难通过模仿学习其他复杂的任务。

模式 让狗狗坐下的一个常见的方法，就是往下按它的后腿。但这种行为对于小狗狗正在成长且脆弱的关节来说十分危险，并且容易导致狗狗的反抗情绪。任何的抵抗都意味着，它要花更多的时间才能学会你想要它做的事情。

手势

一旦你的狗狗能做好指定的动作，你就可以进行暗示训练。在行动之前给出手势（112~113页），这样你的狗狗就可以把指令和手势联系在一起。多次重复后，当你给手势时，你的狗狗就会做出相应的动作。

坐下

这个动作的手势是手掌伸开向上扬。开始时的动作要夸张，从大腿开始一直举到肩膀的高度。注意要确保你的手掌朝上。一旦你的狗狗明白后，才可以逐渐减小动作的幅度。（122~123页）

过来

过来的手势是把手放在髋部。为了使手势更有效，最初你可以轻轻地拍手，这样会引起狗狗的注意。狗狗习惯后，你就不用在给手势时拍手了。（124~125页）

等待

这个动作的要点是把你的手放平，然后将其慢慢地压向狗狗然后停住。掌握好手放置的距离，要让狗狗看到你的脸，否则它会四处看。（128~129页）

趴下

这个动作的要点是把你的手放平后向下挥手。开始的动作也要适当地夸张，从肩膀开始一直挥到大腿处。一旦你的狗狗明白后，慢慢减缓动作的幅度。（126~127页）

跟过来

这个手势的特点是把手放到髋部。刚开始这个训练时，你可以用手先拍打自己身体的两侧，直到把狗狗吸引过来后给狗狗以奖励。最后，你就不再需要通过移动你的手来发出信号。（132~133页）

站起来

这个手势是把手掌伸直放在狗狗鼻子附近然后移开。这个动作非常类似于让狗狗过来，应该很容易学习。狗狗学会后可降低动作幅度。（130~131页）

狗狗是如何学习的

时机

时机对于成功培训的重要性毋庸置疑。良好的时机不仅能加快训练的过程，还有助于你与狗狗的沟通和交流，这样它就可以很容易地理解你的需要。

速度是至关重要的

当狗狗完成相应的任务时，就要迅速地奖励它。这会使它明白，它所做的是主人想要的。记住，越是获得奖励的动作，重复频率就会越高。因为你想让狗狗重复你需要的动作，而不是遵循它自己的意思（例如坐着而不愿起来），所以只有快速的奖励，最好是狗狗还在思考是不是继续坐着的时候，就把握好这个时机给予奖励。

及时奖励

在鼓励正确的行为时，你要密切观察狗狗的行为。判断它什么时候会到达指定的地点或做

△ **及时奖赏**
训练狗狗坐下时，要仔细地观察，一旦它的肚皮接触到地板时就马上奖励它。这会让它清楚下次应该这么做。

▷ **准备好奖品**
迟来的奖励，会让狗狗转而关注其他的事情，这样狗狗就不会明白这个奖励是由于它刚刚做了正确的动作。

| 手势和声音指令 | 行动 | 正面强化 |

出正确的行动并准备好奖品。要想在训练时及时拿出奖品，可以把食物和玩具放在附近，并在它们马上要做出正确行动时做好准备。但需要注意的是，如果你把奖品放在狗狗能看到的位置，它们就会被这些奖励吸引而忘掉该做的事情。这样就只能分散它们的注意力，起不到鼓励的作用。所以，尽量不要让它们看见，除非你想把这些东西作为诱饵。

一旦你的狗狗做出期望的行动，你必须立即奖励它。所以，尽量把所需的物品提前准备好。例如，可把奖品藏在你的手里，但与狗狗的鼻子保持足够的距离，否则气味的吸引会让它忘掉训练。如果你奖励晚了，狗狗会转而想其他的事情，这样狗狗不会明白这个奖励是由于它刚才做出了正确的动作。它会很困惑，你的要求是什么或者为什么你的反应不同，这样的训练会让双方都觉得费解和沮丧。

行动指令

行动指令，换句话说就是训导狗狗回应一个指令，比如训练狗狗"坐下"时用手指向地面（见上图）等，也就是在狗狗做出动作前给它一些暗示。反复使用这种提示，会使你的狗狗把指令和想要的行动联系在一起。最后，它会在看到或听到你的提示

△ **时机是至关重要的**
声音提示和手势暗示应该先发出。如果狗狗不明白提示，就用诱导的方法使狗狗到指定的位置。只要它做出所需的动作，就应及时奖励。经过多次重复后，可以在给出提示或信号时与行动之间间隔一会儿，检验一下狗狗明白了没有。

时，马上回应，而不是等待你用诱引的方法来使它回应。

学会提示的步骤

先进行几次诱引或其他激励，直到你的狗狗能很容易做到后，再训导它完成一个新的动作。然后添加语音提示或手势进行定期训练，这样它会开始将信号与动作进行连接。随后，让提示或信号与狗狗的动作之间留出一定的空闲时间，给狗狗足够的时间让它弄清楚你的想法。在刚开始，需要奖励任何促进完成指令的倾向。最后，只需要在完成所有动作后再奖励。

> **"预测**狗狗在什么时候会进入指定的**位置**或做出**正确的行动**并**及时奖励它。"**

联系

当我们训导狗狗如何对"坐下"的指令做出回应时，狗狗就学了一系列的联系。由于这个提示会在许多方面起效，我们需要在各种不同的情形下了解这种联系。

回应提示

当狗狗被训导回应一种提示时，它正在学习把一个特定的行动与有关的手势或指令联系起来。通过定期重复训练，它会学会在看到或听到指令时执行动作。

要注意的是，在让狗狗懂得提示的同时，也要让它们明白这种提示是与周围环境相关联的。当我们想教会狗宝宝学会坐下并耐心地等待它的晚餐时，我们可能认为它已明白"坐下"这个单词。实际上，它所明白的是，在厨房里，它站在你的面前，看着你手里握着的盘子，它所要做的是在你说"坐下"时，把它的屁

学会语音指令

大多数宠物狗都学过的指令就是"坐下"。这是因为它们在日常生活的许多情况下，这条指令被多次重复，狗狗已能完全了解。然而，只要耐心地教导，狗狗学会几百个单词是不成问题的。如果你希望狗狗学会以下几个重要提示比如"过来""趴下""待在这儿""用后肢直立"，你则需要在多种情况和环境下，反复地训导它。

▽ 关联学习

这条狗宝宝已经明白，当主人手握它的食盆时，如果它把它的屁股坐到地板上，它就能得到它的食物。

股坐到地面上，好让你把盘子放在地板上。除了这些关联之外，狗宝宝们不会明白你的想法，只会继续站着。

为了克服这个问题，应在不同的情况下给狗狗做同样的训练。通常情况下，指令是这些经验的唯一关联，它最终会学会连接指令与正确的行动来赢得它的奖励。

你需要在不同的地点给狗狗同样的训练。如果你要教它坐在你面前，那么，当它到你身边时，教会它绕到你的面前坐下，再奖励它。训练时，通过改变你的位置，让它明白不管在什么地方，只要它按指令行动，就会得到奖励。

这些训练需要花费很长时间，所以需要耐心。狗狗不服从你的时候，不要惩罚它，因为它根本不会理解。要让它明白什么是正确的，并在它做出正确的动作时给它奖励。

△ 在不同地点训练

这条小狗狗正在通过指令来学习"坐下"。在花园里，与主人面对面的训练，相对于它之前的学习环境这里就是一个全新的位置。

▷ 坐下的指令

这条小狗狗正在学习主人坐在椅子上时，它应如何坐下才能得到奖励。多次训练后，它就会明白"坐下"指令的意思。

基本训练篇

随机奖励

当狗狗学会回应指令后，就不需要给它奖励了。偶尔奖励以及"超级大奖"可以减少它对奖励的依赖。

不要时时奖励它们

当狗狗在你发出特定的手势或声音提示后，能完全了解你想要它做什么时，你就可以逐步递减奖励的次数，大约每五次随机奖励一次。你可以把五枚纽扣放在口袋里，其中一枚颜色与其他四枚不同，只有当你取出这枚特殊颜色的扣子时再给狗狗奖励。刚开始可能很难做到，但这将有助于你进行随机奖励。当你决定不再奖励它的回应时，一定要告诉它，它做得很棒，通过大量的赞美让它知道它做对了。

超级大奖

已经有研究表明，通过这种方式减少奖励，能使动物更努力表现来获得期望的奖励。当然，如果你能偶尔提供"超级大奖"，

◁ **促进动机**
偶尔奖励和超级大奖真的能够提高狗狗的能力。因为大多数的狗狗，都会更努力地表现以期获得更多的奖励。

△ **期望**
奖励刚开始变少时可能会引起混乱。因为你的狗狗期望每次执行正确操作都能得到奖励，但它很快就会适应这种新的规则。

▷ **取得成功**
超级大奖一般用在庆祝的时刻。你的狗狗对奖品的兴趣越大，就会更加努力地赢取下一次的奖励。

这种效果会变得更明显。这些奖励必须是你的狗狗真正喜欢的东西，比如一些狗狗非常渴望的美味食物。除了制造"获胜"的惊喜之外，与你的狗狗一起庆祝也能取得巨大的成效。

如果你这样做，你会发现它开始与自己"打赌"是否能够得到奖励，就像你买彩票一样：有时你一无所获，但偶尔有一点小奖甚至还会有赢得头奖的机会。超级大奖不需要经常出现，但大多数狗狗会非常努力地做，以期获得超级大奖。如果你的奖品非常讨它的喜欢，狗狗的表现将有整体改善。

你可能会认为只奖励某些回应而不奖励其他的回应是不公平的，所以，是否采用取决于你的选择。有些狗狗会很顽强，而有些则会轻易地放弃。然而，对于大多数狗狗，随机奖励和超级大奖是一个改善它们表现的有效方法。

奖励规则

随机奖励和超级大奖的规则

◁ 给狗狗以信心
狗狗完成困难的动作或艰难的决定后，一定要给予奖励。比如当你叫狗狗回来时，狗狗能够离开它的伙伴，回到你身边。

△ 每次的奖励
当进行一个新的训练时，狗狗获得成功就要奖励它，直到它完全明白特定的指令并做出期望的动作。

好狗狗

狗狗做了一个正确的回应后，你可以立刻说"好狗狗"等赞语表扬它，并让它明白这样做是正确的。要确保表扬及时，在经过多次训练后，这个词或短语将成为一种奖励，并用来让它知道它已做了正确的事情。当你们已经进入随机奖励阶段时，可以使用这个信号，让它知道它已经做了你所需要的，即使你已不会给它物质奖励。

如下：
■ 只在狗狗真正了解你想要它做什么的时候使用。在未能真正学会某些动作时给予奖励将会带来很多麻烦。
■ 确保你的狗狗真的享受它的"胜利"。真正地庆幸它赢得"超级大奖"。

■ 无论你是否给予奖励，你都应该让你的狗狗知道它是正确的，每一次都要表扬它。
■ 经常奖励困难或复杂的动作。

矫正坏习惯

如果无意中给了狗狗不必要的行为奖赏，狗狗可能就会养成坏习惯。假如狗狗主人知道如何去做，并努力改正自己宠物的行为，狗狗的这些坏习惯也会轻松地转变。

矫正坏习惯

如果主人能在狗狗做出不需要的动作后不给奖励，那么狗狗就能够改正不好的行为。这对主人不经意奖励的行为十分有效，比如狗狗跳起来扑到你身上（188~189页）或狗狗做出不好的行为后，给予了关注。在你决定这样做之前，应确保狗狗得到了必要的奖励。这些可能看起来有点儿想当然，但如果从狗狗的角度来看，照顾的缺失也会导致不好的行为。

要改掉狗狗的坏习惯，整个家庭都必须一起努力，对狗狗的不必要行为采取不闻不问的态度。难度可想而知，尤其狗狗在不停吠叫的情况下，可以事先提醒邻居并购买一些耳塞。真正重要的是你要完全忽略它的吠叫，也就意味着你不和它说话、不看它和抚摸它。另一种方式是，转过身假装你不感兴趣，不要去谴责它——对一些狗狗来说，宁愿挨说也不愿被忽略。如果狗狗出现"自我奖励"，比如在沙发上找一个舒服的位置睡觉，你需要阻止它，帮助它找到一个恰当的位置并给予奖励来防止这种情况再出现。

更糟糕的行为

提前要有心理准备，因为在短时间内，狗狗的行为可能会变得更糟，而没有好转。这是因为在过去，它的这种行为很有效，当突然变得无效时，它将更努力地去尝试，以得到它想要的结果。你的忽视会使它感到沮丧，因此会使它的行为变得更糟。然而，只要你继续忽视它，狗狗最

△ **待得舒适**

对于一些悠闲的主人来说，狗狗放松地待在沙发上是完全可以接受的行为，但也有些主人希望狗狗睡在其他地方。

△ **下来**

如果你的狗狗已习惯待在沙发上，并觉得很舒适，它会认为待在沙发上是一种奖励，并且总是喜欢待在沙发上。

△ **无奖励**

给狗狗的项圈系上一个长狗绳，在每次它想爬上沙发时阻止它，这样它就会明白这种行为没有奖励。

△ **快速反应**

让它在感到沙发的舒适之前就让它离开沙发。这意味着，你要时刻保持警觉，直到狗狗养成新的习惯。

终会意识到这种行为不再奏效，这是非常重要的。要记住，任何不良的行为，都会在没有回报后停止，尽管可能需要一些时间。要有耐心，等待效果出现的时刻。

要想加快矫正的进程，可以奖励那些你想要的行为，比如安静或不跳起来了等。一旦你的狗狗意识到什么是得到奖励的好行为，它的"坏"行为就会因得不到奖励而停止。

偶尔的失误

在训练中，你必须对偶尔的失误有心理准备，因为你的狗狗一般不会忘记那些被奖励的行

"在**短时间内**，狗狗的行为可能**变得更糟**，而不是**更好**。"

为，尤其是它们在很长的时间里经常被奖励的时候。只要继续忽视它们，就会发现坏习惯开始慢慢消退。尽量避免在无意识的状态下，奖励不必要的行为。比如当它浑身污泥还要来回跑跳的时候，你会叫它出去，但有时候却没有叫它出去（116~117页）这就是偶尔的奖励；有时，狗狗会更努力地使坏行为产生作用。

△ **一个不错的选择**
给你的狗狗找一个它觉得舒适的地方让它趴下，就会很快让它养成良好的习惯。

预防重于纠正

因为得到奖励的行为很容易被记住，特别是在幼崽时期，所以预防更重要。如果你能在小狗狗一岁以前，预防某种不好的行为，它可能永远都不会这么做。如果狗狗小时候从未被鼓励待在沙发或是床上，它会养成在正确位置睡觉的习惯。如果每个人都能蹲下来跟它打招呼，那它就不会用前爪离地的方式来欢迎来客。

良好的基础

与一条**训练有素**的狗狗**生活在一起**是一种**享受**，它可以完全融入你的日常生活中而不是只能被留在家里。你与狗狗的**相处也会更加容易**，并有更多的时间去做其他**有趣的事情**，让你的生活更加丰富多彩。本篇为你提供一些关于狗狗的**简单训练**，为你和你的狗狗搭建一座**沟通**的桥梁，使它的行为都在你的**掌控**之下。同时，这些训练也会为以后**更复杂的训练**奠定基础，**有助于推动你对它的教育**，并引导它学习有用的**技能**以及有趣的**技巧和运动**。

快乐追逐的狗狗
使用赞美、奖励的积极训练会使狗狗在喜欢训练的同时也更努力地讨好你。

坐下

坐下是最简单的练习之一，也是训练狗狗的良好开端。这是大多数主人训导狗狗的第一个动作，也是狗狗日常生活中最常出现的指令。

如果一条狗狗能够坐下来，它就不会到处乱跑乱跳，在门廊里乱叫和做出其他出格的事情。因此，教会狗狗坐下来，能使它接受你的管控，并使它能待在一个地方。

一条训练有素的狗狗看到主人拿着它想要的东西时的第一时间内就会坐下，因为它知道这样做会给它带来更多的奖励。

1 △ 吸引它的注意力

和你的狗狗一起站着的时候，手里拿一小块美味的食物并能让它们舔到。然后慢慢地抬高食物，这样就会吸引它的鼻子逐步地上扬。

2 ▷ 举高奖品

逐渐地把食物举高过狗狗的头，给它足够的时间用鼻子跟着食物往后移动。直到等到它的后腿开始自然地弯曲为止。

最佳实践

一旦你的狗很容易就能被诱导着坐下时，就开始给它添加语音提示"坐下"。直到狗狗能回应这个手势（如右图）为止。多次训练后，狗狗就能轻松地做出反应，你就不用做那么夸张的手势了。如果你总是在给手势之前，就说"坐下"并用食物引诱它，你的狗狗会学会应对语音的提示。

别忘了要在不同的环境、不同的身体位置情况下训练狗狗坐下（114~115页）。同时，还要不断地增加周围的干扰，以提高训练的难度。

手势
一旦你的狗狗很容易被引诱坐下，就要同时教会它如何回应手势的指令。首先，主要吸引狗狗的注意力，给出一个明确的手势后留一段空隙，再用前面的方法吸引你的狗狗坐下。

如果你正在努力训练你的狗狗如何专注于培训课程，那你一定要增大奖励的力度（206~207页），这样会使狗狗长时间保持对训练的兴趣。

这个练习的关键就是要掌握好奖品的位置。不要让它离狗狗鼻子过高或过远。

跳起来
如果你的狗狗为了得到奖品而跳起来，就把手压低，让它能够着奖品，这样它就可以在整个过程中一直被奖品吸引。

奖励
一旦狗狗出现试图坐下的动作，就喂给它食物并热情地赞美它。如果它继续保持，就再喂给它两个、三个或更多。

召回

　　召回训练是一项非常重要的训练。这项训练能确保狗狗在摘掉狗绳后你还能确保它的安全，并在你需要它回来时能够及时叫回它。同时，狗狗也会获得更多的锻炼和自由。

　　在狗狗小时候进行召回训练（如下图）比较容易。一旦狗狗学会了，你可以在外面有效地召回它（146~149页）。有一条能随时听从召唤的狗狗，会使你更加轻松，无论是在家里还是外面。当你确保可以把远处的狗狗召回时，你们在外面散步就会更安全、更舒适。

1 △
吸引它
在狗狗熟悉的地方开始这个练习。可以叫朋友来帮忙抓住狗狗的项圈，你来给它一个有吸引力的奖励，并能让狗狗嗅到它。

2 ▷
"过来！"
短距离移动（离开狗狗约2米）你的身体，并蹲下身体和狗狗等高后，张开你的双手，热情地呼唤它，鼓励它向你走过去。

$3_▽$

诱惑它

如果你的狗狗回应了你，并向你靠近，就拿出奖品。让它能看到奖励，诱使它进一步地向你走近。

$4_△$

抓住它的项圈

把奖品举在与它鼻子等高的位置并吸引它靠近。另一只手向下移动直到你能轻轻地握住它颈下的项圈。

"**奖赏**要对你的狗狗有**足够的吸引力**。"

$5_▽$

"做得好！"

当狗狗到你面前时，喂给它奖品的同时继续抓住它的项圈。热情地赞美它，这样它就会非常喜欢和你在一起，当你再次叫它时，它还会过来。

最佳实践

做这个练习时，要确保狗狗能立即回应时才叫它。这样会鼓励狗狗养成良好的习惯。如果狗狗没有过来，试着用一个它更感兴趣的奖励方式（106页）。

如果狗狗有些害羞，比如在你叫它的时候转过身，避免和你的视线直接接触，这样的话，你最好不要吓到它。

一旦狗狗学会回应后，不要太频繁地召回它；要等到你有足够吸引它的东西时再叫它。

不要在发出过来指令后，又不让它过来，即使它没有立即过来。

保持召回的语气和声音大小相同，即使你在紧急情况下叫它过来时也要这样。过高或过低的召回指令对它可能都没有什么作用。

"过来"的肢体语言

狗狗学习肢体语言很轻松。如果狗狗离你太远而听不清你的指令的时候，肢体语言就非常有效。从俯身（在它对面）叫它过来到站立，要缓慢地进行。

趴下

训导狗狗按要求趴下会使你们在一起的生活变得更容易，便于你在各种情况下控制它。这种姿势要比坐下更能让它们保持一种相对静止的状态。

趴下是各种基础训练的基石，在此基础上才能训练它们更高级的动作，比如坐着不动（192~193页）和在远处趴下（152~153页）。这个动作并不难，但在开始时，你需要有耐心地吸引它到正确的位置，在它按要求趴下后及时奖励它，多次反复，它就会越来越容易做到。

1 △ 吸引它的注意力

找一个安静并且狗狗很熟悉的地方来做这个练习。先让狗狗坐下（122~123页），用奖励来吸引它的头慢慢地向下移动。允许它舔到甚至咀嚼到小块的奖励，这样会使它保持专注。

2 ▷ 诱使它趴下

把奖励缓慢地向下移动。如果你的狗狗精力分散了，再重新开始这个过程。在每次狗狗快要放弃之前，喂给它食物。然后立即更换奖品，并再次尝试。

最佳实践

当狗狗初学"趴下"这个手势（110~111页）时，要尽量做出夸张的动作，手里的食物伴随手势从高到低，从而诱使狗狗也跟着你的手势慢慢趴下。

注意，在某种情况下，下蹲的姿势可能会使狗狗感觉更容易受伤以及不安全，比如现场有其他的狗狗时。

手势
一旦狗狗被吸引后做出回应，就用手势教会狗狗趴下。首先吸引它的注意力并给出一个明确的手势，等待几秒后再用上面的方法吸引它。

当狗狗已经学会趴下的手势后，再教它如何应对一个语音命令。先说"趴下"的指令，然后再给手势。最终，它会在听到"趴下"这个词后就做出反应。

一旦狗狗已经学会了这个动作，就要在不同的地方并变换你站立的位置（114~115页）让它练习趴下。最终，让它能在众多干扰中也能按你的指令趴下。

 奖品

一旦你的狗狗肘部接触地面，就喂给它食物并热情地赞扬它。如果它能保持趴下的姿势，就给它一份额外的奖励，这会让狗狗知道你希望它这么做。

> "在狗狗**觉得安全和可靠的地方**让狗狗趴下。"

重新尝试

如果你的狗狗站起来，让它重新坐下，把奖励拿得远一点儿，这样狗狗就不至于为了趴下而后退。

在"桥下"通过

如果你正努力地教狗狗趴下的姿势，可以用腿架成桥的形状，以此来吸引狗狗通过。为了得到奖励，它就会趴下。

避免不舒服

狗狗的胸部比较狭窄而且胸部的被毛相对稀疏，在硬木地板趴下可能会很不舒服，可以给狗狗铺一个厚而柔软的垫子。

等待

等待训练也比较简单，并且它能让你在做事时，比如把狗狗的食物放到地板上或开门出去时，狗狗能乖乖地待在一个指定的地方。

只有狗狗学会了坐下（122~123页）之后才能教它等待。进行等待训练时，狗狗会觉得很无聊，因为它似乎没有什么可做的，所以最好是在它感觉很累，很高兴能找个地方休息的时候训练这个动作。一旦它明白待在指定的地方就能获得奖励后，你就可以开始教它在你绕着它来回走动的情况下等待。

1
坐下，然后等待

让你的狗狗坐下。当它坐下，注意力集中在你身上的时候说"等待"，然后给出手势。如果狗狗移动了，就重新开始，但是你移动手的速度要慢一些，如果手势过快，狗狗可能就会移动。

2
奖励

狗狗能耐心地待在那儿的时候，就好好奖励它两三次。一直练习到它确实能等待了，隔上一会儿再奖励它。多次反复，直到它能等待两分钟。

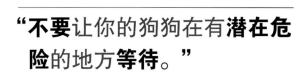

"不要让你的狗狗在有潜在危险的地方等待。"

3 ▽ 慢慢向后移

给出声音指令和手势后，开始向后移动一只脚。慢慢地将重心放到那只脚上，收回脚后立即奖励你的狗狗。如果它移动了，就让它重新归位并重做，但在移出脚步时要更缓慢。

4 ▷ 绕着狗狗走

继续进行多次训练后，逐渐远离狗狗。小心地移动到它的身后，因为狗狗通常会在看不到你之后站起来。

5 △ 远距离

经过多次训练，当你的狗狗明白自己该怎么做之后，你可以走得更远些。但是要记住要经常走到狗狗面前来奖励它，这样它就知道它必须待在那个地方才有奖励。

最佳实践

在狗狗理解你想要它做什么之后，你可以让它在现实的生活中等待，比如在门口等待（194~195页）。当狗狗被解除等待后，会找些有趣的事情来做，比如从门里跑出来。记住一定要在它"等待"的时候好好奖励它，然后再放开它。否则，它的等待可能就靠不住了，它可能会把解除等待与奖励联系在一起。

手势
等待是唯一在一开始时就伴随手势练习的训练。在早期训练时，保持你的手势缓慢而平稳。

趴下
你还可以在狗狗保持趴下的状态时，教它这个动作（126~127页）。通常情况下，趴下是一个更稳定的姿态。

站立

在你需要用毛巾把狗狗擦干时，教它站在指定的位置是十分重要的。另外，在带领狗狗去拜访宠物专家时，狗狗能耐心站立等待检查也是必需的。

站立这个姿势是非常有用的，比如当你想展示你的狗狗时，当你想给狗狗带套索或擦拭它的脏脚时，都需要它们保持站立。在你开始按下面的方法训练你的狗狗站立之前，它需要学会按你的要求坐下（122~123页）。

1 ▷
拿出奖励

让你的狗狗处于坐下的姿势，将美味可口的奖励放在它的鼻子前，让它可以舔或咬到它，然后开始慢慢地把奖励移走。

2 △
诱使它朝着你动

如果你的狗狗向前移动它的头来尝试得到食物，就把奖励慢慢移远，直到它起身去靠近它。

最佳实践

移动食物直到足以让你的狗狗站起来得到它，但要马上把食物给它，防止狗狗向前走。

在引诱狗狗站起来之前，给出声音指令"站立"。当你的狗狗已学会手势后，在声音指令与手势之间留一点空隙，让它有时间来反应声音提示。

手势

当你的狗狗学会了站立后，逐渐用手势来代替引诱的姿势，开始时需要用夸张的动作，在多次训练后，可以减小运动幅度（110~111页）。

别忘了在不同的地方，并变换你在狗狗周围的位置来（114~145页）练习站立，最后还要在有干扰的状态下训练。

表演的狗狗需要保持长时间站立不动。如果你想拥有一条喜欢展示自己的狗狗，那就在当大多数主人让它们的狗狗坐下时，要求你的狗狗"站立"，使它显得卓尔不群。在奖励它之前，逐渐延长狗狗站立的时间，这样它就学会了保持这个姿势。

3

表扬它

在它刚刚站起来并要向前移动一步之前，给它奖励和热情地赞美。经过多次练习之后，逐渐把引诱姿势演变成手势（下图左）。

让狗狗不拉扯狗绳1

这是最难训练的动作之一，但是当狗狗学会散步时不拉扯狗绳时，你就会很有成就感。你需要很多耐心来实现这一目标，这里给出了一些训练的步骤（134~135页）。

定期与你的狗狗散步，这对狗狗的心理和身体健康都非常重要，而且也有益于你的健康。越早教会狗狗这个技能越好。因为松散的狗绳能使狗狗很舒适，而你也会变得轻松快乐。一旦狗狗学会了以后，就开始在不同位置进行训练，以不断提高狗狗的抗干扰程度。当狗狗学会不拉扯狗绳时（134~135页），无论带它到哪儿散步，都会让你特别满意。

"逐渐**增多你**每次**移动**的步数。"

1 △ 给狗狗定位
用右手牵住狗绳，并置于身前。用另一只手拿美味的食物，吸引狗狗站到你左腿旁的位置上，狗狗站对位置后就喂给它奖励。

2 ▽ "跟着我"
让狗狗看到另一个奖励，把奖励举到狗狗头的上方，举到它能看清的位置。通过叫它的名字来吸引它的注意力，给出声音提示"跟着我"。

最佳实践

在每一轮训练开始时，只要你在一个新的位置，狗狗移动一步后就立即奖励，直到狗狗学会怎么做。

一旦狗狗跟在你身边，就在你出发前给出手势（右图）。如果它移动了位置或站着不动，就让它回到之前的位置重新开始。

手势
教狗狗回应手势（110~111页）。手掌伸平放在你的髋部就是让狗狗待在你附近的明确信号。

在培训过程中，选择让狗狗待在你的哪一边，就一直保持这样，以免造成狗狗的混乱。一旦你的狗狗知道什么是你所期望的动作后，可根据需要训练它走在你的另一边。

起初，如何来协调狗绳、奖励和狗狗的动作有一些困难。而且一旦需要就得停止并让狗狗重新归位，只有站到正确的位置时才奖励它。准备好后再前进，当狗狗贴着你走时就表扬它。

4
练习
继续这样做，在多次训练后，逐渐增多它得到奖励的步数。

向前走就奖励
如果你走在前面，狗狗紧跟在后面，就立即奖励并赞美它。反复这个过程，可在走两步后奖励，之后是三步等。

狗绳的长度
狗绳应该松弛到狗狗项圈，牵狗狗的绳柄应放在腰部附近，但狗绳不要垂到地面上。

不能跳跃
如果在行走过程中，狗狗为了拿到奖励而跳了起来，就把奖品举高继续走，直到它停止跳跃然后奖励它。

精神先于物质
尽量不要用狗绳来控制你的狗狗，拿有吸引物的手要距离狗狗很近，这样它才不会跑到你前面去。

让狗狗不拉扯狗绳2

训练狗狗不要在散步时拉扯狗绳是训导的重中之重。在开始训练之前，确保你的狗已经学会如何与你并肩而行，并且已经做得很好（132~133页）。

每当你带狗狗来到一个新鲜的并且有趣的地方，狗狗很可能就会被周围的景观或周围的气味吸引。在狗狗明白在任何环境中，拉拽狗绳都是不可接受的行为之前，它必须学会与你并肩而行，让你松散地牵着它（132~133页）。这个训练的要点是你在与狗狗正常散步时，就让它走在你的附近，并松散地牵着狗绳。

1△

正常地行走

正常行走直到你的狗狗开始领先。拿狗绳的手放在身体中间，以保证狗绳有足够的长度。

2▽

立刻停止

仔细地观察狗绳，在开始绷紧时就立刻停止。把手向身体靠拢来抵制狗狗的拉力。

3△

诱使它回到原来的位置

站着别动，利用奖励来吸引狗狗的注意。诱使它回到你身边正确的位置，并使它的头朝前。只要它站在正确的位置就奖励并热情地赞美它。

4 ▽
保持警惕

当心周围的干扰（如其他的狗狗）可能导致你的狗狗拉扯狗绳，必要时就停止训练。如果你每次在感到狗绳绷紧时，就突然停止并让狗狗归位，狗狗慢慢地就会明白拉扯狗绳是不好的行为。

5 ▷
轻松和享受

持续练习直到你的狗狗已学会不去拉扯狗绳。如果狗狗又往前拉扯狗绳的话，就立即停止，让它重新归位。只要它能让狗绳保持松弛的状态就奖励它。这时你就可以适当松开狗绳给狗狗更多的自由。

最佳实践

教会狗狗在外出散步时，不拉扯狗绳需要你的时间和耐心，特别是当狗狗已经拉扯过一段时间时。在第一次散步时，你可能为坚持训练而停下40次之多。你需要停止来让狗狗知道拉扯是不好的动作。

过剩的精力

牵着一条经过精心训练的狗狗是让人轻松愉悦的事情。在开始训练之前，可以尽量让它奔跑嬉戏来消耗多余的能量，其后你就可以开始练习这个项目了。

最佳实践

训练这个项目时，还需要额外的时间来巩固。如果没有时间的话，可以借助头笼（如图所示）或挽具。

寻回1

　　一旦你的狗狗学会了怎么玩，就可以教它按要求去捡回玩具。这样它就会花更多的时间来追逐玩具而让你更轻松。你第一步需要做的是为狗狗提供一个它最喜欢的玩具来激发它的游戏热情。

　　让狗狗学习寻回的关键是激发它的热情和对心爱玩具的兴奋感。一旦它已经学会追逐和捡起玩具，你可以教它把玩具捡回来（138~139页）。请按照下面的步骤练习，直到你的狗狗能对扔出去的玩具立马产生兴趣并展开追逐并捡起玩具。

1 △
激发兴趣

首先拿一个狗狗最喜欢的玩具和它一起玩，努力激发它的兴趣。保持玩具移动，激发它玩玩具的热情。

2 ▶▶
把玩具扔远

狗狗兴奋了之后，就把玩具扔远让它去追逐然后捡回它。最好在熟悉、安静和不被打扰的地方来做这项训练。

3.

"做得好！"

一旦你的狗狗捡起了玩具就要赞美它，一直练习到狗狗每次都能顺利地捡起玩具。在这个过程中，你不要去捡玩具。如果狗狗捡回了玩具，在赞美它的同时抚摸它的背部和身体，但要避开头部和颈部。

4. ▷

丢下

如果你的狗狗丢下玩具就停止赞美。你或者指着玩具鼓励它捡起来，或者你捡起玩具重复步骤1和步骤2。

最佳实践

有的狗狗喜欢追逐玩具，有的狗狗喜欢占有玩具。弄清你的狗狗更喜欢哪一种，将会帮助你让这个游戏更有趣。

专门用作寻回训练的玩具应该在不用时藏起来，别让狗狗找到。

控制会降低热情，所以在这个阶段不要有任何控制，比如让狗狗先坐下等控制性行为要避免发生，要尽量让狗狗在这个训练中保有兴趣和热情。

在训练中，你的态度是至关重要的。你需要鼓励自己让自己保持愉悦。只在你心情很好、充满精力的时候，进行这个训练！

在户外热情洋溢

无论是在公园还是在散步时，都努力让你的狗狗保持兴奋的状态。

寻回 2

当狗狗能充满激情地追逐玩具，并能恰当地把玩具捡起来时，就可以开始要求它把玩具捡回来交给你了。这个练习的步骤是建立在寻回1（136~137页）基础上的，并且引入"放下"的指令。

教狗狗寻回也是为其后进行较高难度的训练打基础，诸如在追逐后召回（154~155页）。由于大多数狗狗都能捡回东西，所以这个技能只要有充足的练习，任何狗狗都能学会。在整个训练中，主人保持耐心是非常重要的，这样你就可以轻松地把玩具从狗狗嘴里拿出来的同时，避免你的手被咬。

"好狗"

1 △
鼓励它捡回来
把一个玩具扔出去，然后鼓励你的狗狗把它捡起来。然后快速向后退，热情地把它哄到你身边来。

2 ◁
好好表扬它
保持原地不动让狗狗走向你。避开它的头和脖子，抚摸它的身体以示表扬。继续抚摸直到狗狗不再用嘴叼着玩具，把玩具给你。

3 ▽
牵它过来
如果你的狗狗叼着玩具，却不走向你，就用一条长狗绳把它拉过来，然后再想办法哄着它朝你走来。

"在你想把玩具从**狗狗**那里**拿**回来时，千万不要追赶它。"

"放下"

4 ◁
放下
当你的狗狗能把玩具叼给你时，你就可以用命令让它把玩具放下。可以采用的方法是：用另一个玩具诱惑它或者给它一个奖励，同时说"放下"的指令，同时，用手指着地面，直到它决定把玩具放下。

5 △
交换或奖励
一旦狗狗放下了玩具就热情地称赞它，再扔其他玩具让它捡回来或奖励狗狗，主人这时可千万不要吝啬你的赞美啊。

最佳实践

如果你的狗狗把玩具叼给你，不要夺下来。狗狗对我们的动作非常敏感，它会本能地保护它的玩具，特别是如果以前发生过类似的情况。你需要让狗狗信任你，并自愿地把玩具交给你。

当你想从狗狗那里把玩具拿回来时，千万不要追赶它。大部分的狗狗都比主人跑得更快，所以你不太可能追上它。

如果狗狗在练习中，被长狗绳拴着，就温柔地把它拉向你，小心不要让狗绳缠到它。练习的时候要确保周围没有孩子、怕狗的人或其他狗狗。

不要夺取
训练寻回需要耐心，所以不要急着从狗狗的嘴里夺回玩具，这会影响狗狗的学习进度。

提高寻回技能

如果狗狗把寻回已经做得非常棒了，你就可以适当地提高难度，教会它在你把玩具抛出，玩具落地前接住并递回给你。另外，还可以拓展到让狗狗学会捡回除玩具之外的其他物品。

教会狗狗等待玩具的抛出，会让你体验较强的控制感。狗狗学会把玩具递给你会让你觉得游戏更加轻松。学习捡起某些静止的物品以及除玩具之外的其他物品，会为进行更有趣的练习奠定基础，比如协助购物（176~177页），自己取狗绳（178~179页）和帮忙收拾玩具（180~181页）。

1 △
等待
把狗绳对折穿过狗狗的项圈捏住两端。给狗狗一个明确的手势，让它等待（128~129页）。把玩具扔得近些。当它想向前时，就用狗绳把狗狗拉回来。

2 ▽ ▷
寻回
一旦玩具落地，就让狗狗去捡回，同时放开狗绳的一端，让狗狗有足够的自由去捡回玩具。

"当狗狗把一些东西**捡回**来**给你**的时候**要赞美**它。"

◁ "捡回来！"
在教狗狗捡回一个静止物品前，与它先玩一个寻回的游戏。然后再把物品放在地上，让它捡回来。

△ 用美味的食物交换
教会狗狗把捡回的玩具放到你手上，要让它一捡回来马上就交给你，如果它做到了就表扬它。在它快速过来的时候，一只手喂它一些美味的食物，另一只手伸出来接球。

◁ 逗它玩
训导狗狗捡回除玩具之外的物品时，先扔一个柔软的、和玩具相似的东西。这样会让狗狗感觉和捡玩具很相似。逗它并与它玩一个有趣的游戏。

最佳实践

当狗狗第一次被要求在捡回之前等待时，要确保它已有良好的训练基础，然后选一个它已经不感兴趣的玩具扔在附近。等到它精力充沛，非常想去把玩具捡回来时候再开始训练。

搜寻和捡回
你可以训练狗狗在不同情况下，捡回任意数目的东西，比如一串在旷野中丢失的钥匙。

如果狗狗在给你前就把球丢下了，就让它重新去"捡回来"。狗狗叼着球的时候要赞美它，让它知道这是你想要的行为。然后再尝试用美味的食物（上图）来交换它的球。狗狗会很快了解到，它只有把球交到你手里的时候才能获得奖励。

4

提高篇

发展技能

训练有素的狗狗能使散步和日常锻炼都十分有趣。训练你的狗狗无论何时何地都能在你叫它时回到你的身边需要付出很大的努力，但是这种付出非常值得。**在让狗狗和你一起并肩跑步之前**，要让狗狗熟悉陌生人或其他狗狗，这会使你**更容易控制它**。当它给其他人带来麻烦时，就让它停下来。训导狗狗不要**追逐**，特别是一些有强烈追逐欲望的狗狗，可以让狗狗**在一定距离处坐下**，或让它时刻参与你的活动，这样做也可以保护你的狗狗。本篇是在**基本训练**的基础上，来帮助你教会狗狗一些**真正有用的生活技能**。

现实中的训练
在真实的场景中进行基础训练，能使狗狗应付任何情况和环境。

高级召回1

如果狗狗已学会基础召回（124~125页），那么教会狗狗在它正忙着做其他事情的时候也能回来，也是非常重要的。这样它会学会无论在什么情况下都能回应你。

训练狗狗无论在什么情况下都能回到你的身边，是非常有价值的，这个命令在关键时刻可能会拯救狗狗的生命哦。狗狗喜欢在散步时，去观察其他的狗狗并跟它们打招呼，这时，你能在必要时立刻让它们回来，就显得非常重要。记住训练期间给予狗狗慷慨的奖励，让它们积极地学习。

"好狗"

1
玩游戏
在距离你几米外的地方，让一个朋友拿狗狗最喜欢的玩具和狗狗玩。

2
打断游戏
大声地叫狗狗的名字来打断游戏。当你的朋友听到你召唤狗狗时，要立即停止让狗狗玩玩具并把玩具藏起来不让狗狗看到。

3
召回并奖励
一直到狗狗来到你身边再停止叫它的名字——你和朋友都不要理它，直到它走到你身边，这一点非常重要哦。当狗狗走到你身边时，赞扬它做得对并奖励它美味可口的食物。

> "先在**家里**做这个**练习**，直到你的狗狗能听到命令后马上**回到你身边时**，再带它出去**散步**。"

4 ▷
放它去玩

当你的狗狗已成功地回应了你，就让它继续游戏。这样狗狗就会知道，到你身边去只是游戏的中断而不是结束。

5 ◁
演练

经过一系列训练后，狗狗就能学会在你召唤它时就及时跑回来，它的游戏就已经结束。它就会学会在你叫它时，迅速地停止游戏。

最佳实践

在刚开始的训练里，要在你的朋友拿着玩具，狗狗还没有触碰到玩具的时候就呼唤狗狗的名字。慢慢地，进展到它叼着玩具的时候叫它过来，这样能提高狗狗的召回技能。

记得不要让训练的时间太长，这样狗狗就能集中注意力。

确保在这个练习中你的奖励是足够诱人的，因为狗狗决定离开有趣的游戏后，应该得到一份慷慨的奖励。

如果你希望练习更有效，就降低游戏的刺激度并找到更诱人的奖励（108页）。一些狗狗可能更喜欢一个更有趣的游戏来作为听从召唤的奖励。

被热到的狗狗！
因为这个练习会用到很耗费精力的游戏，所以练习时间要短。这样你的狗狗就不会精疲力竭，尤其是在炎热的日子里。

高级召回2

　　一旦你的狗狗能在玩玩具的时候，很容易被叫回来，下一步就是教会它如何在进行其他令其兴奋的活动（比如嗅探它感兴趣的气味或与其他狗狗玩耍的时候）时回到你身边。

　　这个训导会让你的狗狗无论干什么都能有效回应你的召回。同时，也会使狗狗在散步时有更多的自由。刚开始训练时，很容易被干扰打断，如狗狗总想去嗅探等，因此，只在狗狗能被有效召回的最好时机叫它回来。通过这种方式，你可以慢慢放下心来，知道狗狗无论在什么情况下都会立即回到你的身边。

△ **转移它的注意力**
当狗狗兴致勃勃地嗅探时，要积极地叫它回来并带它远离那里。在狗狗做到之后，慷慨地奖励它。

▷ **安全第一**
如果你的狗狗还没有训练好，或者在它会遇到麻烦的地方，可以用一条长狗绳来保证训练的安全。小心不要让狗绳缠住它。

最佳实践

　　在进行这个练习时，需要用到狗狗最喜欢的奖励，因为你要有足够的把握来把它的注意力从令它兴奋的事情中转移过来。

　　一些狗狗更喜欢游戏和玩具的奖励。在训练时，可以使用任何有效的

使用长狗绳
如果狗狗在被召唤时，没有离开其他的狗狗，你就用长狗绳把它拉回来，好好地奖励它后，再让它离开继续去玩。

奖励，并且不要忘了在它回到你身边时，表扬它做得好。

　　当你开始在有干扰的情况下训练狗狗时，要在距离狗狗很近的地方召唤它，这样它更可能做出回应。如果它回应得很好，可以扩大召唤的距离，并增加干扰狗狗注意力的事项。

1 ◁

游戏时间

和其他狗狗玩耍是令狗狗十分兴奋的游戏。所以在游戏刚开始的兴奋时段就召回它几乎是一件不太可能的事情。可以先让狗狗们尽情玩耍，直到它们玩累了不再兴奋的时候再唤回狗狗。

2 ▽

成功地召回

当游戏的兴奋感逐步消退时，召唤你的狗狗。你要大声且充满热情地呼唤它。边叫边先后退，同时摇晃食物袋或咯吱响的玩具来吸引它。

3 ▷

好好地奖励

在狗狗走过来的时候要好好奖励它。用它最喜欢的食物或游戏，以及大量的赞美来慷慨地奖励它，这样可以确保下次召唤狗狗的时候它能听从指令。然后再让它回到与其他狗狗的游戏当中去。

留在你身边

训练狗狗在跑向陌生人或其他狗狗之前，先要学会随时跟在你的左右。这样能让你很容易控制它，避免出现任何可能的问题。

在开始训练狗狗和你一起散步时，它必须已学会了基本的召回指令（124~125页）。训练狗狗在跑向陌生人或其他狗狗之前，学会随时回到你身边。这样能保证它们的安全，远离任何有潜在危险的狗狗，也能防止它在遇到怕狗的人时给自己带来压力。

"如果你看见**不熟悉的狗狗或陌生人**靠近时，召回你的狗狗。"

1 △
太善于交际

一条喜欢交际的狗狗，会在你带它散步时，跑向其他的狗狗和主人并向他们打招呼。

2 ▷
召回

在狗狗就要接近迎面而来的狗狗和它们的主人时，召唤它回到你的身边。如果你的狗狗还不具备召唤时立即返回的技能，那就在你看到远处有人走过来的时候就叫它回来，以此来加强狗狗的召回技能。

3 ▷

"好狗狗！"

狗狗从游戏中回到你身边时，要热情地赞扬或用狗狗最喜欢的游戏来奖励它。只要狗狗回应你的召唤，就要经常地奖励它。

4 ◁

小心地问候

在你认可的情况下，可以让狗狗去向其他狗狗和它们的主人打招呼。最好是摘掉狗狗的链子，这样方便它们能互相嗅闻对方。

最佳实践

如果你的狗狗身形巨大或者看起来令人害怕的话，这种技能就特别有用。尤其是你的狗狗无论是对同类还是人类都很友好的时候。

一直训练到狗狗能自动地回到你身边，尤其是看到有人向它走过来的时候。

如果允许的话，最好是把狗绳摘掉。然而，如果其他狗狗是被牵着的，就给狗狗拴上狗绳。在你的狗狗戴着狗绳时，要让它远离其他没有戴狗绳的狗狗，以防那些狗狗吓到它。同样的，如果你的狗狗总是喜欢跳起来，也给它戴上狗绳，这样便于你控制它的行动，防止狗狗吓到别人或扑向别人。

忽略其他

如果你认为不该打招呼的时候，就用狗绳牵住狗狗并吸引它的注意力，直到已经远离让它分心的事物。

在远处坐下

如果你的狗狗已学会了按指令坐下，这个训练就会很容易。让狗狗在离你较远的位置停下来是十分有用的，这不仅能保证狗狗的安全，并能在紧急情况下拯救它的生命。

这个练习需要在狗狗已学会无论是在任何情况下还是周围有干扰的时候（114~115页）都能按指令在你面前或身边坐下（122~123页）。最初训练时，狗狗可能会感到迷惑，因为之前我们是让它在你的附近坐下而后得到奖励。你需要耐心，给狗狗时间让它明白你现在的要求。

1 ◁
让它坐下
找一个朋友帮你牵着狗绳，你站在狗狗的面前，让它坐下。给出手势让它做对动作，并在它做出正确的动作后奖励它。

2 ▽
回来
面对狗狗后退两步，重复步骤1，用手势让狗狗坐下后给它奖励。

最佳实践

远处坐下的技能可用于在紧急情况下你希望狗狗能马上停下来时，比如附近的孩子很害怕它，想要跑开时；或者一辆突然开过来的车等。在它坐下后，一定要给予奖励，这样它就会学会原地等待。

刚开始这个练习时，要在一个安静、没有干扰的地方。在你的狗狗明白在远处坐下的概念后，开始在有干扰的地方训练它，在那里你会发现它很难集中注意力。

你也可以同样的方式，训练狗狗在远处趴下。对于某些狗狗来说，这是一个更稳定的姿势。

安全地停下来
当狗狗面临危险时，成功地让它停下来是非常重要的。在远处坐下非常适用于周围的环境不适合你召回狗狗的情况。

"**远处坐下**的训练可被用于**紧急情况**出现的时候。"

5.▽
练习
练习要逐步进行，经过多次训练后可以和狗狗的距离更远一些。最后，你就不需要朋友的帮助了，但要重新从第一阶段开始训练。

3.△
诱导但并不奖励
如果狗狗没有回应，让你的朋友诱导它变成坐下的姿势（122~123页），但不要在这时奖励它任何东西。

4. ▷
现在奖励
这时你要迅速过去奖励它。这样狗狗将很快明白只有在它坐下的时候才能获得奖励。

追逐召回

能够在狗狗追逐的时候召回它，是你想让它完全在你的掌控之下和没有狗绳时保障它的安全的基础。刚开始训导狗狗追逐寻回时可用玩具辅助，然后发展到其他任何它会追逐的事物上。

这个练习对所有的狗狗都是非常重要的一课，尤其对于有追逐本能的狗狗。利用玩具训练追逐召回是这项训练的基础。

随后，可将练习发展到在现实生活中，靠近狗

狗可能追逐的事物，如自行车或其他动物，需要进行这样的训练时，一定要确保你已能完全掌控你的狗狗。

1△
摆开姿势

找一个朋友来帮你。让狗狗与你面对面，这样它就可以很容易地接住你抛过来的球。

2▷
扔球

用玩具逗弄狗狗，然后把玩具扔向你的朋友，促使狗狗去追逐玩具。以适当的高度和速度扔出玩具，并保证能让你的朋友接到球。

3. ▽
接住

每五次做出抛球的动作后随机扔一次，而且抛出去的球要保证能让你的朋友接住，然后把球藏起来。在玩具离开你手掌的同时，喊"出发"的指令。

> **"随着玩具离开你的手掌的同时，喊'出发'！"**

4. △
扔另一个球

当狗狗回头希望你能帮它寻找消失了的那个球时，就用另一个它喜欢的球来逗它，然后往相反的位置扔出，让它去追逐。

最佳实践

在五次扔出玩具中随机选一次，让狗狗停止追逐。如果超过一次，它会迟疑是否该去追逐玩具，进而失去游戏的热情。

不要让你的狗狗跑到精疲力竭的状态。一次训练进行20次追逐就足够了，根据狗狗不同的身体状态以及天气的冷热随机调整。因为在20次的追逐中，你只能让它停止4次，学习追逐召回的机会是有限的，所以要有耐心，持续训练直到狗狗学会如何做为止。

一旦狗狗学会在你给出命令后，停止追逐玩具，就换到其他场景中训练狗狗的追逐召回，比如慢跑者或者骑自行车的人。要使用狗绳来确保安全，除非你有十足的把握，才可以不用狗绳。

"停下来！"
当狗狗跑去追逐玩具时，被及时停止也可以实现训练的目标。向前迈进一步，并发出指令让它停下来。如果它停下来就给狗狗扔一个其他的玩具。

抗干扰训练

一旦狗狗已掌握了在家里的一些基本训练内容，就可以教它们在不同的场合、周围有不同的事件发生时，回应你的指令。刚开始训练时，要控制干扰的数量，以后再逐步增加。

刚开始训练时，要选择在安全的地方，家中就是一个好地点。然而，如果只在一个地点训练，狗狗就只能这一个地点表现良好。因此，你需要在不同的地方、不同的干扰条件下训练狗狗。同时，还要训练狗狗在忙于做其他事情时对你的指令的回应，如果狗狗做到了，就好好地奖励它们。

◁ **待在附近**
附近如果有其他狗狗玩耍或进行训练时，你一定要赢得并保持狗狗的注意力。在它行进足够远的距离后开始练习它的注意力，并用奖励来减轻其他狗狗对它的吸引力，然后再让它逐渐靠近其他狗狗玩耍的地方。

▽ **重归基础**
即使你的狗狗通常在散步时不拉扯狗绳，但是不要期望它会在有另外一条狗狗出现的时候也能有这么好的表现。像以前（132~135页）训练的那样教会狗狗该如何去做。

◁ **等待打招呼**
牵住狗狗，让它坐下等待，直到你已做好让它跟客人们打招呼的准备，这些都有助于狗狗养成良好的礼节。与朋友一起训练，直到狗狗学会为止。

▷ **安全乘车**

让狗狗坐下，等待车门打开，直到你准备好并发出让它进入的指令。此项训练一直持续到它能自动等待为止。这种训练有助于防止意外发生。

"许多主人只在一个地方训练狗狗，这样会使狗狗不适应在现实生活中听你的指令。"

▽ **在任何地点进行表演**

如果你想要狗狗在陌生的环境对陌生人展示它的技能，它可能会忘记怎么做。耐心地从头开始教它，这样下次它就知道该怎么做了。

最佳实践

当你开始在不同且有干扰的地点训练狗狗时，记住要从头开始练习，就像你是第一次教它一样。要有耐心并持之以恒，温柔地要求狗狗按你的要求行动。如果有必要，可暂时远离干扰，直到狗狗能集中注意力。

如果你的狗狗在某些环境中感到紧张，你需要接受它的状态，直到它情绪放松后再开始培训。

重新开始

狗狗可能对于你所给出的一些指令驾轻就熟，但要让它回应其他家庭成员的指令就可能需要从头开始训导。

狗狗很希望它能让主人高兴，并且自己也乐在其中。在本篇，你和你的狗狗会得到许多学习新技能带来的乐趣。这些练习可以开发狗狗的**身体潜能**，为其**确立目标**，使狗狗生活**更加丰富多彩**。狗狗的良好表现令朋友们**印象深刻**，而且通过不同的训练能让狗狗的**心情更放松**。一旦狗狗学会了新的技巧，它们就会更喜欢**展示它们的本领**，尤其是有观众捧场的时候。通过本篇不仅可以**提高狗狗的技能**，让你的狗狗**多才多艺**，还可以让你掌握许多有用的指令。

精彩的表演
一旦狗狗学会了一种技能，它们就喜欢用表演来展示它，如果它们表演后还能得到奖励的话，这种表演的次数就会越来越多了。

挥手训练

教狗狗挥手是比较容易的，这种训练也是技巧培训的良好开始。对于孩子们来说，会挥手的一条大狗狗看起来非常友好，会减少孩子们对它的恐惧，并且，这也是一种很好的向客人道别的方式。

训练这个动作需要耐心。狗狗需要时间来思考，所以不要急于求成。要控制训练的时间不要太长，并确保成功。如果有必要，返回上一个步骤并以简单的动作来结束。如果狗狗跳起来去要奖品，或者出现类似的不良行为，请耐心地把它归位，重新开始训练。

1 ▷

刺激狗狗的爪爪

用手攥一块食物，并让狗狗闻到食物的香味，鼓励它伸出爪爪并按在你的手上，然后在地板上来回画圈。在爪爪有轻微的移动时，立即奖励它，要耐心地等待它的爪爪放到你的手上。

> "让训练的时间短一些……如果需要，就返回上一个步骤。"

2 ◁

奖励接触

你要让狗狗知道它只有把爪爪放到你的手上，才能得到食物。在随后的训练中，开始让你的手慢慢地离开地面。

4 ▷

挥手

练习不断抬高你的手，并立即奖励狗狗出现的"挥手"动作。在随后的训练中，可以加上手势和声音的指令。随后在有干扰的不同地点和你在狗狗的不同方向处进行训练。

3 ▷

继续抬高

当你把食物抬到狗狗够不到的高度时，你要有耐心地等狗狗举高它的爪爪。在开始时，狗狗的爪爪有任何轻微的移动就奖励它，其后在有更多的移动后再奖励。

旋转训练

这是一种简单易学的技巧。此外，在狗狗运动会上（232~233页）旋转还是一个非常有用的热身运动。大多数的狗狗都非常喜欢旋转，而且只要主人向它们发出指令，它们就会立刻配合。

教狗狗学会向两个方向旋转，这样即可以防止狗狗头晕，也可避免只训练了一侧的肌肉。要特别当心那些年轻且活跃的狗狗，一旦它们发现这个游戏所带来的乐趣，可能会一发不可收拾，特别痴迷于这项运动。

提高篇

1 △
跟随诱导物
在狗狗鼻子前拿一块食物，诱使它以你为圆心转圈圈。慢慢地移动食物，这样狗狗能很容易地跟上你的速度。

2 ▷
中途奖励
在狗狗转了半圈的时候给它奖励，它就会继续追着奖品走下去。

3 △
转完一圈后奖励
吸引你的狗狗转完一圈，当它回到起点重新面对着你时，好好地奖励它。

4 ▷
旋转！
反复几次这个训练，逐渐取消半圈奖励，直到完成一个完整的旋转后再奖励。最后，要用手势来替代奖励（110~111页）。

最佳实践

在多次训练后，试试让狗狗转更多圈后再奖励。如果你想让狗狗听懂这个动作的声音指令（110~111页），可以在狗狗往不同方向旋转时选择不同的词，例如"旋转""转圈"来避免混淆。

顺时针方向
一旦你的狗狗完全理解如何朝一个方向转动，并能轻松地做到时，你就可以开始训练它向另一个方向旋转。

逆时针方向
当训练你的狗狗向反方向旋转时，从头开始上述步骤，吸引它向其他方向移动，直到它知道该怎么做为止。

击掌游戏

击掌游戏是许多狗狗和它们主人最喜爱的小游戏。这个动作通常可以用来教狗狗握手，但有些狗狗会觉得这种行为令它们恐惧。

试图教狗狗击掌动作之前，应先教会它们挥手（160~161页），因为它们刚开始的训练步骤都是相同的。一旦狗狗能轻松地挥手，你就可以进行这个技能的训练了。

2 ▽
伸开一只手

在地板上空伸出你的另一只手，这样，在狗狗抬起爪爪时，就能放到你伸平的手上，而不是握着奖励的手上。这时要好好地奖励它。

3 △
抬高你的手

练习这个运动，手每次要抬高一点。挥舞拿着奖励的手来鼓励它。一旦它把爪爪放到你的手上，就马上奖励。

1 △
把攥着食物的手放在地板

在手里攥住食物，然后在狗狗面前来回移动，在它试图获得奖励时，鼓励它把爪爪放到你的手上。一旦它把爪爪放在你的手上就立刻奖励它，重复几次这样的训练。

最佳实践

当你的狗狗能成功做好击掌并能用它的爪爪去搭你的手时，注意你的动作应该是扶住它的爪爪而不是抓住它，否则会使它退缩。

每次选择不同的地点和周围有不同的干扰时来练习击掌。如果你的狗狗在一个陌生的地方或在观众面前忘记该怎么做，温柔地提醒它每个步骤并返回上一阶段。

教狗狗回应一个语音命令来帮助它区分击掌和挥手。发出"击掌"后，稍等一小会儿，然后像以前一样举起你的手。在它把爪爪伸向你的手时给予奖励。

蹲着击掌

最初你可能需要跪下来或者蹲下来和它玩这个游戏。在狗狗很精通动作后，再教它在你站立时如何跟你击掌。

击掌!

多次重复和练习后，教会它识别击掌的手势。手竖直，掌心朝狗狗，直到狗狗学会朝着你举起手的方向抬起了它的爪爪，进而获得它的奖励。

及时奖励

一旦你的狗狗能容易地把爪爪朝着你手的方向举起来，就让它接触到你和奖励之间有一个停顿，并逐渐延长停顿的时间。这样它的爪爪压在你手掌的时间就会延长。

装死训练

装死是狗狗可以给朋友们表演的有趣技巧。手摆出枪的姿势，同时发出"砰！"的声音，你的狗狗配合地一动不动地躺在那里，头垂落下去，尾巴僵直，那场面绝对令人印象深刻。

一旦狗狗已学会了趴下的姿势（126~127页），就很容易教会它平趴在地上一动不动。需要花费较多时间的是，狗狗如何从站立姿势到摔倒在地，这样的训练要重复好多次。它可能会趴下过早或"死"得太慢。用一片所谓"药物"的美味来唤醒它，奖励它在练习中的良好表现。

> "如果**狗狗抬起头，请不要笑**或做其他反应。**等它再次'死掉'**后再给它**奖励**。"

 放松

让狗狗趴下。用一大块美味可口的食物，吸引它的头慢慢地倒向一边。要有耐心，要等狗狗完全放松下来并逐步将身子倒向一侧后再给它奖励。

2 ▷ **头部回转**

慢慢地移动奖励，让狗狗的头部转动，把它的鼻子吸引到尾巴的方向。直到狗狗完全放松，重心全部转到它的臀部和前肢上时再给它奖励。

3 ▽

温柔地表扬

慢慢地以弧形的方式在狗狗面前移动奖励,直到它的头贴近地板,身体躺平。温柔地赞美它,并给它奖励。让它"不要动",然后再给一个奖励。反复练习几次,直到你能诱使它在你站起来之后继续保持平躺的姿势。

4 ▷

装死

在狗狗保持平躺下的姿势时,站起做出手势并发出"砰!"的一声。然后引诱它摆出正确的姿势,并给予奖励。在多次训练后,给出指令,然后等待响应,必要的话,通过奖励诱惑来帮它完成任务。

最佳实践

如果狗狗躺在地板上的头抬了起来,不要笑或有其他反应。等它再次"死掉"的时候再奖励它。

接着训练狗狗从站立的姿势倒地装死。像上面一样给出声音命令和手势,数两个数后等它回应,如果没有什么反应,可以诱导它躺下(在这期间不要发出任何声音),在狗狗摆出"平躺"的姿势后,奖励它。在它站起来又躺下之后再奖励它,这样狗狗就会明白你想让它躺平,一动不动。

重复这样的步骤直到狗狗学会该怎么做。当它第一次成功地装死后给它奖励,并赞美它,然后结束训练。

卧倒

一旦你的狗狗已经学会在趴下时按指令躺平,就教它在站立的姿势下装死。通过常规练习,应该很容易做到。

跳跃训练

跳跃对于狗狗来说是一个非常有用的技能。在有些情况下，你需要带它们穿越一些障碍物，如果狗狗能自己应付的话，会使你的生活更轻松。训练要慢慢地进行，逐步地提升狗狗跳跃的高度。

保护好狗宝宝正在生长的关节和四肢是非常重要的，所以这项训练一般要等到狗狗12个月大以后再进行。训练之前，要确保你的狗狗身体健康，跳跃时关节不会出现问题。要注意的是，纯种狗狗常见的髋关节和肘部发育不全，在幼年时期不易被发现。如果你的狗狗不愿意跳跃，请咨询宠物专家。

1 △
让它兴奋
在这个练习中，你需要一个可调节高度的钢管。在开始时把钢管放在地上。松散地牵着狗狗，用一个球或者玩具逗它，直到它开始兴奋并想追逐。

2 ▽
扔球
把球低弧度地抛过钢管。指着钢管然后让狗狗"跳跃"过去。同时一定要鼓励它，这样狗狗会根据你的手势来往前跑。松开狗绳让狗狗能跑过去并追到玩具。

3 △
提升高度，再次尝试
把钢管抬高5厘米，重复前两个阶段的动作。在多次训练后，逐步把钢管抬得更高。千万别忘了松开狗绳，让你的狗狗能追着玩具并快速地跑跳。

4 △
别让狗狗练得精疲力竭
如果你的狗狗试图绕过或从钢管底下钻过去，要用狗绳阻止它这么做。回到出发的地方，再次尝试。在每次训练时不要让它跳跃次数超过3次，并且要让狗狗在追逐玩具前已经足够的兴奋。

5 ▷
跳！
一旦你的狗狗学会了该怎么做，先鼓励它跳，再把球扔出去作为奖励。当狗狗不想追逐跳跃时，就可以松开狗绳了。

最佳实践

当你想让狗狗跳得更高点儿时，要确保它开始助跑的距离足够长。

如果狗狗跳跃失败了，适当地把钢管降低一些，再试一次。在再次调高高度前，要奖励狗狗成功地越过较低的障碍物。

对于狗狗来说，跳跃是很累的运动，因为要用到一些平常不常运动的肌肉，所以训练时间要短。要对狗狗完成的跳跃（即便很少）表示鼓励，并要等到下次训练时再增加跳跃的次数。

跳跃是狗狗进行大多数运动的必要技能之一，尤其是敏捷训练（234~237页）。这项运动可以为狗狗以后的速度和准确性打下良好的基础。训练不要操之过急，在确保每个高度获得成功的基础上，再进行下一阶段的训练。

有用的技能
一旦狗狗学会了如何跳跃，它就能轻松地越过日常生活中的障碍物，如门槛和栅栏等。

捎信训练

顾名思义，这个训练会使你的狗狗能够帮助你和其他人之间传递消息。如果你的狗狗已学会了寻回和放下物品（136~139页），它就会很容易掌握这个技能，这项训练十分有趣哦。

先在室内进行这个练习，找一个狗狗熟悉的人来协助你训练。开始时，你和收信人之间的距离要短，然后慢慢延长距离，直到狗狗能到房屋内的不同房间送信。刚开始训练时，如果狗狗搞不清给谁送信，你可以引导狗狗走向收信人。

> "如果你的**狗狗扔掉**了信，鼓励它捡起来。**不**要生气或者**训斥它**。"

3 ▷
沿途中
指着在附近的朋友，热情地说"给他"，鼓励它向朋友的方向走过去。你的朋友也要呼唤它的名字，敦促它走向自己。

1 △
寻回游戏
首先通过寻回游戏（136~139页）让你的狗狗习惯用嘴叼着纸张，直到它能轻松地从地上拾起"信封"并递给你。

2 ▷
把信递给它
一旦你的狗狗已学会用嘴巴叼住传递物，就吸引它走过来，然后取下它嘴里的东西。

4 △

"干得漂亮！"

狗狗送信过来后，收件人应立即用食物交换信封，但在狗狗靠近之前不要让它看见食物。喂给它食物的同时，好好地赞美它，这样它就会知道自己做了一件正确的事情。

5 △

提高难度

反复训练几次，直到你的狗狗知道要做什么。然后逐渐扩大你和收信人之间的距离，甚至开始让他们躲在角落里。最终，扩大到在房屋内的其他房间。

最佳实践

如果你的狗狗把信封扔下，鼓励它捡起来，如果有必要，可以在地板上来回滑动信封引起它的兴趣。一旦它做出了正确的行为，就要不断地赞美它，让它知道它很聪明。不要生气或者训斥它把信扔掉的行为。

这个训练的较高层次是让你的狗狗知道其他家庭成员或朋友的名字。然后你就可以要求它去你说出名字的人那里带回信件。首先，反复告诉狗狗不同人的名字，直到大家都坐在同一个房间时，它知道该给哪个人捎信。一旦狗狗知晓每个人的名字，那么给在屋内不同房间的人送信就不是什么难题了。

找到丢失的玩具

捉迷藏游戏对你的狗狗来说是很容易，因为这个游戏需要有一个好的嗅觉。一旦狗狗知道如何玩这个游戏，就会喜欢上这个游戏，同时"捉迷藏"也有助于消耗狗狗的能量。

这是一个很好的室内游戏。一旦你的狗狗忙于找到一个藏在家里的物品，你就可以在这些家伙"探索"的时候，留给自己一点空闲。然而，如果它没有找到玩具你就必须帮忙，千万别逗狗狗去寻找一些不存在的物品。

1 ▷

"取来！"
在最开始可以利用一个新玩具来玩寻回游戏（136~141页），直到这个玩具变成狗狗最喜欢的玩具，并且无论你把它扔到什么地方它都会把它找回来。

"慢慢减少你的帮助，直到狗狗自己能找到那个藏在任何地方的玩具。"

2 △

把玩具藏起来
让你的狗狗坐在那里等待，在它面前挥舞玩具引起它的注意。然后把玩具藏在附近的某个地方，让它可以轻松地找到。

最佳实践

首先，你需要帮助你的狗狗找到藏在另一个房间的玩具。走进屋里，发出"找到它！"的指令，将手指向玩具藏的地方，鼓励狗狗在你指定的区域搜寻。慢慢地，你就可以减少帮助，直到狗狗自己能找到藏在屋内任何地方的玩具。

随着时间的推移，可以进展到在家里的不同地方藏各种各样的玩具。在渐进的过程中，可以让搜索的挑战性逐步增强，当你的狗狗清楚地知道要做什么时，它就会成为一个出色的搜寻者。

手势
用一个手势给狗狗指出正确的方位。一旦它能通过"找到它！"的指令进行搜寻，你就不用再指出方位了。

3.

"找到它！"

让你的狗狗去"找到它！"，向它指出藏匿物品的位置。鼓励它继续寻找，直到发现藏匿的玩具。一旦它发现玩具的位置就立刻表扬它干得漂亮。

4.

表扬它

让狗狗把玩具叼给你，并且让它知道它能这样做是多么的聪明。当狗狗把玩具给你时，要用食物奖励它，并给予赞美。然后再换一个地方把玩具藏起来，让它去找。

5.

曾加任务的难度

你可以慢慢地在你家中找到许多不同藏玩具的地方，在必要时可以给狗狗指出正确的方向来帮助它寻找。

做家务

狗狗的成长依靠归属感以及与主人的互动。因为我们大多数的生活都在家里或家周围的环境，**训练狗狗帮我们做一些日常家务**是一个能让它们**融入我们生活**的好办法。这也创造了**更多让你和狗狗共度美好时光的机会**。本篇将向你展示如何对狗狗进行一些简单的训练，**让它帮你做家务**，例如整理自己的玩具。在训练狗狗的同时，你将**学会一些有价值的训练技能**。你可以通过这些技巧来训导狗狗参与许多家务，这些对你**非常有帮助**，也会让狗狗特别高兴。

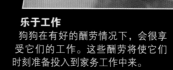

乐于工作
狗狗在有好的酬劳情况下，会很享受它们的工作。这些酬劳将使它们时刻准备投入到家务工作中来。

帮助购物

如果买的东西太多的话，旁边能有一个帮手帮你拿东西那是再好不过了。狗狗非常喜欢帮你完成一些简单的家务，这样不仅会加强你们之间的关系，还会使狗狗获得成就感。

当你的狗狗习得了在接到指令时，按照要求寻回和收拾玩具（136~141页）时，训练狗狗帮忙拿购物袋就会相对容易。当它学会了帮你拿购物袋，就可以把它服务的范围拓展到家里的其他工作，比如携带要洗涤的衣服。开始时，教它学做一些简单的事和容易拿起的物品，比如一些空包包和容器等。

1.▽
玩游戏

拿一个普通的家居物品逗狗狗，比如一个空的塑料瓶，让它对这个游戏感兴趣。不停地在它周围移动物品，直到狗狗想抓到它。

3.▽
提高难度

一旦它可以把空瓶子和包包带回来，就进一步让它叼起装满东西的容器。多次训练后，它会明白该做什么，这样你就可以把要拿的物品递给它，而不是扔给它再让它捡起来。

2.△
奖励它

把瓶子滚远，鼓励狗狗追逐它并把它捡起来。狗狗做到后，热情地赞美它。经过几次训练后，慢慢让它学会叼着瓶子向你走过来。

> "当狗狗已学会**叼购物袋**，就可以让它帮你做其他家务，比如帮忙**拿着要洗涤的衣物。**"

4 ◁

拿购物袋

要求它叼一个易携带的东西，如一个较轻的袋子，走一段不太长的距离。如果它扔掉了，就让它捡回来，并缩短一下距离。一定要多多地赞美它。

5 △

"谢谢！"

让狗狗等你放下手中的购物袋，再从它那儿拿过来购物袋，然后表扬它做得很好，马上给它好吃的作为奖励。

最佳实践

　　如果狗狗撕咬你给它的物品，就换一个与这个类似质地的空袋子。狗狗用咀嚼的方法探索对象，就像我们用双手触摸物品来感知一样。给狗狗更多的咀嚼机会，就可以阻止它这样做，因为狗狗在熟悉了物品之后，就不会一直撕咬了。

　　一旦你的狗狗掌握了帮忙拿东西的技能，就让它帮你在家里拿一些不同的东西给你。但不要让它拿易碎、太厚的或尖锐的物品。可以通过一些简单的练习，让它明白你的需要，并要多表扬和奖励它。大多数的狗狗喜欢这种工作方式，这将帮助你的狗狗消耗掉剩余的精力并让它们获得满足感。

有用的猎犬

你可以让你的狗狗更加有价值，如果你已教会它帮你去取报纸或拖鞋，那么，晚上你就跷起二郎腿等着狗狗为你服务吧。

取狗绳

一旦狗狗学会了拾取玩具和其他物品（136~141页）后，教狗狗去拿它自己的狗绳就非常容易了。这还能让它在你为出去散步做准备的空当，给自己找个乐子。

每次只要狗狗回应你的要求去拿它的狗绳，就奖励它外出去散步，这会加快它学习的步伐。一段时间后，它甚至可以预测你的请求，每当它看到你穿上外套准备出去时，可能没有被要求就去取狗绳。你可以通过拿狗绳玩寻回游戏来开始这个训练。

1

折叠系好

把狗绳打一个结，使狗狗拾起狗绳时更容易。多次扔出狗绳并让它去"寻回"直到它能捡回狗绳。

2

放开链子的长度

一旦你的爱犬能够拿来被折叠系好的狗绳，就把狗绳解开，再做寻回游戏。最初，它可能发现很难拿回来，并可能踩到长长的链子，但是通过练习它会有所提高。

3

鼓励它

当你的狗狗可以成功地拿回狗绳，把狗绳放到平常挂起来或储存的地方让它去拿，在它成功后奖励它。在这个位置重复练习几次。

"去拿"

4. 狗绳的位置

把狗绳绕好，手柄垂向地面，然后把它挂在挂钩或经常存放的地方。这会防止当狗狗把它抽下来时，不小心砸到狗狗的鼻子。

5. 奖励它

当狗狗把狗绳拿给你时，跟它说："真是一个好孩子"，赞美它做得好。奖励它最喜欢的食物，然后带它出去散步来庆祝它的成功。

"谢谢"

> "每次，狗狗如果能**自己把狗绳拿过来**，就**奖励它去散步**，这样它很快就会**主动去拿**。"

最佳实践

你应确保把狗绳挂在一个安全的地方。当狗狗拽狗绳或者用其他的方法移动它的时候，要保证狗绳不会滑落到狗狗的身上。因为这样可能会吓到它，它就不会再去取狗绳了。

狗狗在你没有要求时取来了狗绳，它可能预想你要去散步，你应把狗绳拿过来并放回原处，既不表扬也不奖励它。重复练习直到它不再这样做。不要嘲笑或批评甚至做出让步，这只会让狗狗更频繁地这样做，并最终成为麻烦事。不过，它也是想向你传递一个信息，就是它想出去散步。当你没有让它取链子时，就尽量花更多的时间陪它玩游戏或在以后增加带它散步的次数。

你应把狗绳总是放在同一个地方，这样它会很清楚地知道狗绳在哪里，并在你要求时很容易地把它取来。

消声

衔着狗绳可以帮你控制狗狗出去散步前兴奋的吠叫。因为狗狗不可能同时做到既衔狗绳又吠叫。

收拾玩具

　　和狗狗玩游戏过后，会有许多玩具散落在地板上，这时，可以训练狗狗自己收拾玩具。如果你能回报它的努力，它会很愿意配合你。

　　把玩具收到一个盒子里，对狗狗来说是一个非自然行为。所以这个技巧需要主人的训导并辅以大量的练习。先教狗狗寻回（136~141页），练习多次，直到狗狗能很容易收集起散落在地板上的物品。这个技巧非常有用，特别是有访客即将拜访，而你又几乎没有时间整理房间的时候。

1 ▷
"过来！"
让狗狗在玩具被扔出后立刻捡回来。主人站在盒子和狗狗之间，狗狗只有经过盒子，才能走到你身边。

2 ▽
把玩具拿来
当狗狗走近时，在盒子上方伸出你的手，让狗狗把玩具交到你手中并奖励它。多重复几次直到它能很轻松地做到。

"给予奖励的诱惑要**大于玩具给狗狗带来的快乐。"**

3 △
给它奖励

当狗狗叼着玩具朝你走来路过盒子的上方时，把一块食物扔进盒子里。它将不得不把玩具丢到盒子里，才能吃到食物。当你派它收拾玩具时，给它发出"收拾"的指令。

4 ▷
把玩具收走

让狗狗去"收拾"，但不要总把奖励放在盒子里。当它在盒子内搜索无果抬起头时，奖励它好吃的点心并热情地赞美它。

最佳实践

如果狗狗还没有走到盒子的位置就把玩具扔下了，不要给它奖励和夸奖，并让它再去捡回来。不要生气或强迫狗狗去做，只是友好地提出要求。有些狗狗可能会花很长的时间来学会这个技巧，所以你必须要有耐心，并始终温柔地提醒狗狗你要它做的事情。

如果狗狗又把玩具从盒子里拿出来，要确保你的奖励的诱惑要大于玩具能带给它的快乐（206~207页）。用更美味的食物或最喜欢的玩具奖励它。

重复以上述步骤直到狗狗知道它要想得到奖励，必须把玩具放到盒子里。一旦它已经懂得了这一点，你可以逐渐地扩大狗狗与盒子的距离。

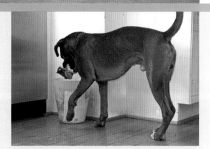

收拾垃圾

一旦你的狗狗学会了整理的要义，让它把垃圾丢进垃圾箱或把要洗涤的衣物放在洗衣篮里，就会非常轻松。同样要好好奖励它。

去睡觉

在你想让狗狗让道或让它待在一个安全的地方时，这将是一个有用的技能。比如有不喜欢狗的客人来拜访，或者你在吃饭、照顾婴儿、做需要集中注意力的家务时，都非常有用。

教会狗狗这一点并不困难，但如果狗狗更喜欢和你待在一起，恐怕就有点棘手。先让它学会在任何情况下回应你的指令，慢慢开始训练它回到自己的床上，尽管它可能不愿意。确保给它的奖励超过它现在正享受的事情，它才会回应你的要求。

1

放好奖品

让你的狗狗坐下等待（128~129页）或让朋友抱着它。给你的狗狗展示一种美味可口的食物，然后把食物放在它的床后，这样，美味近在咫尺，但它却够不着。

2

"上床"

让你的狗狗去寻找奖品并给出指令"上床"。让它站在床上面对着食物。

> "花一些时间，用奖励和**热烈地表扬**来使整个**训练过程**更愉快。"

最佳实践

最后，狗狗明白了你让它"上床"的含义时，你就可以省去跳上床就给的奖励，只有它躺在床上时才给奖励。

逐步让你的狗狗能在周围有更有趣的事情发生时，仍旧按你的要求躺在它的床上并待在那里。

3

躺下

狗狗吃掉食物后,你就立即走到它的床边,叫它的名字来引起狗狗的注意,当它转身面对你时,要训练它躺下。

"好孩子!"

"好孩子!"

4 ▵

愉快的体验

狗狗躺在它床上时,要表扬它。花一些时间,用耐心和热烈地表扬来使训练变得愉快。经过多次训练,逐渐增加你和床之间的距离。

如果狗狗拒绝到床上去,请温柔地坚持让它按你说的去做,但下次时,要在有较少干扰的情况下提出要求,这样能使你的训导逐渐起效。

一旦狗狗能按你的要求去床上,并待在那儿,你就要好好地奖励它。记住你的奖励要比继续待在原来的地方更有诱惑力。

舒适的选择

确保狗狗的床是舒适的,并离你不太远,这样会降低它找你的次数。

哄它开心

给狗狗一些有趣的东西咀嚼,这会增加它待在床上的机会,因为它需要有很好的理由待在那里。

关门

让狗狗学会关门非常有用，同时又让别人对它印象深刻。与其他训练相比，这个训练有一定的难度，所以你要有更多的耐心，可以将训练分成若干个阶段，那样会更容易成功。

开始的时候，手持一支笔让狗狗去触碰，在它用鼻子触碰之后就结束并奖励它。继续进行几次这样的练习，直到无论把笔放在哪里它都会去碰触。

然后可以通过使用便利贴来使训练取得进一步的进展。可以先把便利贴粘在你的手上让狗狗碰触，然后再贴到门上让狗狗碰触。

3.▽
触碰便利贴!
把便利贴粘在门上较低的位置，指着它对狗狗说"关上门"。耐心等待，如果它不触碰，就把便利贴粘在你的手上，用手把门关上。继续尝试直到它触碰到门为止。

1.△
目标训练
拿一支笔，让狗狗去碰触，当它的鼻子触碰到笔时，就立即奖励它。一旦它能做得很好，就可以在拿出目标物前添加语音提示"关上门"。

2.▷
用便利贴代替笔
把一张便利贴粘在你的手上，让狗狗去"关上门"。等狗狗用鼻子触碰到便利贴时，就立即奖励它并多重复几次。

做家务

4 ◁

"关上门！"
当狗狗能把门推上，并已经把门和贴纸联系起来时，就开始在没有贴纸的情况下训练。开始时，还可以使用贴纸，成功两次后，把贴纸拿掉并要求它"关上门"。等它关上了门，马上奖励它，并热情地赞美它，然后结束训练。

"用不同的门练习，直到狗狗能关上所有的门后才跑过来向你要奖励。"

最佳实践

　　如果在步骤3的训练中，狗狗坚持不推门，就想些办法使其兴奋后，再带回去，让它"关上门"。主人向前走的同时放开狗狗，随后的回力会把门关上。这时，给它一个"超级大奖"（116~117页）。

把门拉上
用环状物品玩令狗狗兴奋的拖船游戏，直到狗狗能很容易地拉动它，然后就把这个环状物品挂在门上来要求狗狗拉动它。

　　狗狗不用鼻子而是用爪爪的碰触和拉动来开门就不要奖励它。用爪爪关门会导致狗狗挠门。

　　当用不同的门训练时，回到步骤3会使狗狗较容易理解你的意思。

最好的行为

一条有礼貌的狗狗不仅会成为非常受欢迎的宠物和可爱的生活伴侣，还会使你很乐意与它外出。那些行为不良的狗狗有各种各样的毛病，比如**扑向别人、抢夺食物、过度吠叫、抢道、追逐**不该追逐的东西，特别不容易管教，与它们生活在一起真的很麻烦。通过本篇你将学到如何训练**狗狗的良好行为**，让它不做为你带来麻烦的事情，与你轻松**和谐**地一起生活。耐心地在家里培养狗狗的好习惯，然后在各种情况、各种环境下锻炼狗狗，这样你就会拥有一条行为端正，在**任何时候都能被大家认可的狗狗**。

追逐危险的东西
不当的追逐会使狗狗和主人陷入麻烦。防止这种行为十分重要，可以通过游戏发泄狗狗过剩的精力。

不要跳起

狗狗扑向我们可能是为了迎接我们，赢得我们的关注。这种行为在幼犬时期可能很可爱，但狗狗长大后，这个习惯就会成为一个令人头疼且危险的行为。

每个家庭成员和与狗狗熟悉的人都需要共同努力来教会它如何正确地打招呼。每次狗狗跳起来的时候，就可以采用这里提供的简单方法。让狗狗逐渐明白，这不是一个好的行为，并最终停止这样做。如果狗狗在跟你打招呼时是四肢着地的状态并得到了你们的关注，它就会替代原来的方式。

1 ◁
坏习惯
不要鼓励狗狗跳起来获得关注，这会引发一系列的坏习惯。

2 △
不理睬
如果狗狗跳起来，不要与它说话、看它或抚摸它。直接转过身，抱着胳膊，忽视它直到狗狗停止这种行为。

"好孩子"

4. ▽
跟朋友打招呼

在有访客时，给它戴上狗绳防止它跳起来。来客最好是在狗狗平静的时候跟它打招呼。如果他们愿意，可以让朋友们按照这里提供的步骤来进行。

3. △
奖励

一旦狗狗四肢着地，就蹲下来和狗狗打招呼并热情地赞美它。如果它还试图跳起来，你就站起来，转过身去，平静地忽视它直到它按你的想法去做。

> **"蹲下来**和**靠近**狗狗，这样会使狗狗**更靠近**你。"

最佳实践

一旦开始这个训练过程，就请每个与狗狗熟悉的人在它跳起来的时候，都用相同的方法对待它，这一点非常重要。如果狗狗跳了起来，就不理它、不跟它说话。如果认可了它的这种行为，你就在无意中奖励了它（116~117页），这样只会使问题变得更糟糕。

要有耐心并坚定信心，因为这样的训练可能需要几周的时间。起初，它的进步可能会十分缓慢，它的行为甚至会变得更糟，但不经意间，你会看到狗狗行为的改进（118~119页）。狗狗能四肢着地跟你打招呼的时候就奖励它。

如果你已教会狗狗坐下，就在它有机会跳起来之前让它坐下，这样会有利于狗狗行为的改进。因为狗狗不能同时做两件事情，所以就不会跳起来了。蹲下来，热情地表扬它坐下的行为。

适当的热情
小狗更愿意接近我们的脸来表示欢迎。蹲下来，靠近狗狗，这样它就不会跳起来迎接你。

不争抢

狗狗抢食物是因为它们认为可能会失去它。通过训导狗狗耐心地等待它的奖励来杜绝这种行为。

这种行为通常是在幼犬时期形成。一条没有经验的小狗狗，在主人喂它食物时，不小心咬到主人的手，主人可能在以后就一直要避免被它咬到，所以在喂它时迅速把手抽回，即使食物还在手里。这就会让小狗狗认为，要想吃到食物就必须迅速地抢到食物。

▷ **竞赛**
如果狗狗认为，另一条狗狗会抢走它的食物，那为了确保自己能够获得食物，它就必须抢过来。这就不可避免地出现狗狗主人的手被咬伤的事故。

△ **保持手掌伸平**
解决的方案是在给狗狗食物时手掌尽量伸平，拇指并拢。这样做会方便狗狗轻轻地把食物叼走而不会咬到你的手。这是一个很好的方法，如果你有小孩，一定要让孩子们学会这个简单有效的方法。

最佳实践

训导狗狗不要抢东西（右图），只说一次"走开"，并保持手掌静止直到狗狗走开。

当练习的时候，保持冷静并耐心等待，直到狗狗的鼻子离开你的手。什么都不要说，让狗狗自己反省。当它放弃并离开你的手时，奖励它。

在幼犬时期，狗狗会尝试用它的牙齿去获取食物，这样你就需要戴个旧皮革手套来保护你的手。

如果你有两条狗狗，让它们分开坐下等待，这样你可以给它们单独喂食，它们就没有必要去争抢了。

松开爪爪！
如果狗狗用爪爪抓向你拿着食物的手，那么就抬高你的手来阻止它这么做，但不要高到它的嘴都够不到的地方。

1 ▷

走开!

让你的狗狗冷静地等待食物。说"走开",保持你的手是紧攥着的状态,忽视它试图得到食物的行为。

2 ◁

等待

保持你的手紧攥,等到狗狗向后退,在狗狗的鼻子与你的手之间有了一小段空隙后,张开你的手,并立即给它食物。

3 ▷

耐心的奖励

直到狗狗学会后退并远离你的手来获取食物后,再停止训练。最终,狗狗会在你说"走开"时,耐心地等待喂食。

静卧

教会狗狗静卧不仅会帮助狗狗养成良好的习惯，还会使狗狗在任何地方都受欢迎。在你很忙的时候，如打电话或在街上与人谈话时，这个技能就显得非常有用。

在你开始训练狗狗这个项目的时候，它必须先学会坐下的指令（126~127页）。最初的训练场所选择在家里，你可以在狗狗的床边。当你的狗狗习惯了静卧在你身旁时，它就会明白如果它能静静地卧下来就会得到奖励。然后，可以将练习扩展到狗狗不熟悉的环境，比如在一个朋友的家里。

"好孩子"

1 △ 趴下

给狗狗的项圈上拴上狗绳，并要求它安静地坐在自己的床上。等到它彻底的放松后，让它趴下。如果有必要，给予奖励。

2 ▷ 放松

然后，你放松地靠到椅子上，平静地表扬它。如果狗狗趴下了，就轻柔地抚摸它的后背。这样狗狗就会明白，它做对了。如果它没有安静甚至站了起来，就让它重新趴下。

3.
▽

让它忙碌起来

如果你正在读一本书或者看电视时，别忘了给你的狗狗一个咀嚼物（95页）来帮它们保持忙碌的状态。刚开始先训练狗狗安静几分钟，之后逐步增加练习的时间长度。

4.
△

变换场所

可以在朋友家里尝试这个练习，或在其他狗狗熟悉的地方。一旦它在几个熟悉的地方都能静卧了，就可以变换到能使它分心的地点，直到狗狗可以在任何地方在你要求它静卧时都能保持静卧。

> **"当你很忙**或是需要**专注于其他事情时**，这个技能就特别有用。"

最佳实践

静卧训练要求狗狗保持安静，所以确保狗狗在充分耗尽了它们的能量后再开始这个练习，那些正处于壮年又活泼的狗狗特别需要这样做。

"静卧"有别于"等待"（128~129页），等待训练要求狗狗保持一个姿势，而这个训练只要它能保持镇定和安静，允许它变换姿势、伸伸懒腰，在周围小范围内活动。

慢慢地使狗狗适应在不同环境、周围不同刺激下习惯静卧，直到它可以在任何地方放松地卧下。这样你带它去任何地方都不会引起麻烦。

外出转转
当附近有分心的事物时，你会发现狗狗更难以静卧。你要有耐心，温柔地让它满足你的要求。

不推挤

如果狗狗窜到你前面出门，可能会绊倒你；如果它自己跑到马路上，可能引起不必要的交通堵塞，或使它自己陷入你无法预知的危险。因此，教会它在你出去前坐下和等待就显得尤为重要了。

狗狗在学会耐心地让主人先通过走廊或者大门之前，应先学会自控和对主人的尊敬。不推挤不但是狗狗的良好行为之一，而且可以使你的生活更轻松，也能使你的狗狗得到更多人的喜欢。这里的训练方法建立在狗狗学会坐（122~123页）和等待（128~129页）的基础上，狗狗需要先学会这些再进行这项训练。

1 ▽
因诱惑而闯入

对于主人外出的猜想和一个未知的新环境，都会导致狗狗先于你跑出门去。如果狗狗自己先跑出去，你就不能在第一时间检查外面的环境是否安全，是否适合让狗狗出去。

2 △
"坐下"

训练狗狗等待，你在狗狗和门之间移动，然后让它坐下。如果它试图跑出去就把门关上。

3 ▷
继续等待

慢慢地打开门。如果狗狗移动了，迅速关门并再次要求它坐下。继续训练，直到你迈出敞开的门时，狗狗仍然处于坐着的状态。

4 ◁
奖励
一旦你已经走到了门外面，就转过身来赞美你的狗狗，好好地奖励它留在那儿坐着不动的行为。

"奖励它保持坐着的行为。"

5 ◁
放开
当你已经准备好时，就可以让狗狗从坐着的姿势解放出来，呼唤它来到你身边。练习多次，直到狗狗能自动地等在门口为止。

"过来!"

最佳实践

训练这个技能之前，确保狗狗已耗尽了它大部分的体能。一条疲惫的狗狗相比活泼、兴奋的狗狗可能更愿意坐在那里。

如果狗狗总是在你试图迈步时就冲出大门，你可以使用狗绳来限制它，然后让狗狗重新归位并再次尝试。这需要有耐心和毅力。

处于控制之下
如果你有多条狗狗，你所要做的就是在所有的情况下都能控制它们。这个训练将帮助它们学会自我控制。

如果你有一条以上的狗狗，每次训练时只带一条狗狗，直到每条狗狗能完美地随时完成你的指令。然后，试着两个一起训练，然后三个。耐心地教它们，直到它们都坐下来等待你先通过。

坚持让你的狗狗静静地等在门口，让你先出去。这将帮助它意识到，它不需要比你先出去，这一切都由你掌握。

不追逐

　　许多狗狗，尤其是猎犬和牧羊犬类，特别喜欢追逐，它们不恰当的追逐可能会带来许多麻烦：它们可能会撞上汽车或骑自行车的人，可能使追逐对象惊恐或引起追逐对象的反击。

　　为了防止这种情况发生，狗狗追逐的渴望需要通过其他的途径宣泄。可以通过一些安全的方式，为狗狗创造享受追踪快感的机会，比如训导它们通过游戏或追逐玩具来替代对人的追逐。此外，有的追逐必须制止，比如追逐汽车、自行车、慢跑者还有猫咪和其他狗狗。而且狗狗必须学会追逐召回（154~155页）。

◁ **危险的游戏**

以下是一些可以刺激狗狗强烈追逐渴望的诱因：移动的物品、恐怖的声音、汽车的气味、突然出现的慢跑者或骑自行车的人，都会导致狗狗想要追逐。

▽ **处于掌控之中**

如果狗狗想要追逐，无论它追逐什么，都用狗绳把它拉回来，远离它追逐的目标。如果狗狗依然兴奋，就把它拉得更远，直到它完全放松下来。

▷ **早期教育**

小狗狗必须学会不去追逐孩子。通过训练狗狗玩玩具来替代它要追逐的目标。周围有小孩子玩的时候，要用狗绳牵着狗狗。同时告诉孩子们，如果被狗狗追逐就站住不动。

> "狗狗**追逐**的渴望需要**被引导**到**游戏**或**玩具**上来。"

▷ 抵抗冲动

狗狗一般会追逐能让它兴奋或是使它感觉困扰的东西，比如骑自行车的人。你可以带它去经常可以看到骑车人的地方，当看到那些骑车人要靠近的时候，用狗绳牵着它抑制住它追逐的冲动。开始时距离马路远些，然后慢慢缩短距离。

◁ 从幼犬时期开始

在狗狗小时候就教会它们正确的事情。如果狗狗幼年时形成了追逐不该追逐的事物的坏习惯，那它长大后也会这样做。防止这种行为的办法是把它的追逐热情转移到游戏和玩具上来。

最佳实践

狗狗会在幼犬时期和青春期形成追逐的习惯，所以我们需要保证在这个阶段，将追逐的热情引导到追逐玩具上来，不要让它们追逐不该追逐的对象。每天和狗狗玩足量的追逐游戏来消耗其过剩的精力和体力。运动量的大小取决于它们的血统、年龄和健康状况。如果狗狗十分喜爱追逐游戏，就教它追逐召回（154~155页），这样你就能在它遇到危险时把它叫回来。

一些狗狗在追上被追逐对象时，就会表现出好斗和侵略的天性。可能会因兴奋或受挫而咬人。可用狗绳或口笼防止这种行为，并为狗狗寻求专业的帮助。

天生的追逐者

视觉猎犬主要用于追逐，因此它们追逐的渴望非常强烈的。你必须把它们这种天性引导到玩具或玩游戏上来。

不乱吠叫

狗狗吠叫的原因有很多，如看家护院、兴奋或想吸引你的注意等。找出狗狗吠叫的原因，是解决问题的关键。

大多数狗狗不需要多少刺激就会吠叫，这与其野生的祖先存在很大差别，因为狼很少吠叫。有些品种，尤其是猎犬类和护卫类的品种，以及一些小型犬都是专门为警示危险而繁育的，

比其他品种更喜欢吠叫。因为大多数狗狗生活的家庭都有邻居，吠叫会影响到别人，所以教会狗狗减少不必要的吠叫就显得非常重要。尽量降低由于关注缺失、狗狗兴奋以及入侵警报等因素而引起的狗狗不必要的吠叫，这些情况的处理都有助于邻里关系的和睦，也不给自己带来过多的压力。一旦狗狗吠叫就必须终止它的这种行为，引导狗狗做一些其他的事情让它平静。一旦有人靠近时，也可能会导致狗狗的吠叫，这时就把狗狗叫到你身边来。

◁ **吸引注意力**

如果狗狗看着你吠叫，有可能是通过这种方式来吸引你的注意。保证每天给予它足够的关注，如果它还继续吠叫就完全不理它。

△ **警戒**

狗狗之所以会向邮递员吠叫，是因为觉得他们可疑，比如他们把东西塞进信箱里。在邮递员到达之前，让你的狗狗待在你身边，陪它吃东西或玩游戏。

最佳实践

不要鼓励狗宝宝吠叫。大多数成年狗狗看到入侵者时，会用吠叫的天性来警示主人，这是它们自信的表现。任何的鼓励都会使狗狗反应更激烈，这也会成为一个麻烦。

教狗狗吠叫是很容易的（右图），但想让它安静下来（最右）则困难得多。在你已成功地完成了大量训练后，再尝试训练这个项目。

教狗狗"吠叫！"

将玩具的一端拴在固定物体上来逗弄你的狗狗。当狗狗发出任何微小的声音时就奖励它、给它自由或陪它玩游戏以及表扬它。在连续吠叫后奖励它。

安静

当狗狗吠叫时，说"安静"并辅以手势。狗狗停止后立即用赞扬和食物奖励它。短时间内多次练习。

过激

有些狗狗在兴奋的时候喜欢吠叫。拒绝为它做任何事情直到狗狗安静下来。这会使它平静下来，并让它知道吠叫不能让它达到目的。

最好的行为

接受检查

训练狗狗接受检查，会使它在生病或受伤时能够耐心地接受检查，并让你们之间更加信任，在你抚摸它时，它也会感觉更自在。

我们喜欢抚摸或抱起狗狗，以体现我们对它们的情感，但是狗狗之间除了争斗或交配外，彼此不会相互接触。因此，要让狗狗在幼犬时期就习惯被抱着、抚摸和举起，让狗狗学会在被你掌控时懂得自我克制，这些都会使狗狗进行健康检查、梳理、洗浴、清洁牙齿和修剪指甲的过程更加轻松和愉快。

△ 张开嘴
撬开狗狗的前牙后立即松手。下次进行这个动作时，坚持的时间可以更长些。立即奖励会使训练过程愉快一些。

△ 检查耳朵
慢慢抬起狗狗垂下的耳朵来查看耳朵内部。如果狗狗不愿意的话，可以先慢慢地接触狗狗的耳朵并好好奖励他，慢慢地发展到抬起它的耳朵进行检查。

▷ 检查牙齿
让狗狗习惯于被拨开嘴巴检查牙齿。托住狗狗的头，轻轻地抬起狗狗嘴巴的一边来查看它后面的牙齿。

最佳实践

如果狗狗看起来很焦虑，咬了你的手指或者有其他迹象表明它不喜欢你这样做时，接触的时候动作要更慢、更轻。通过按摩或抚摸来让它放松后再试一次。

抚摸
人类喜欢抚摸、抱起和拥抱狗狗，但是狗狗需要慢慢地习惯，所以要训导它们学会接受，并最终享受这种行为。

如果狗狗不害怕，但不老实地来回扭动身体时，给它足够多的训练后再尝试。

要让狗狗习惯在被抱着时约束自己，（要尽量小心不要让它有任何不适）等狗狗放松下来时，立刻放它离开。

▷ 触摸爪爪
狗狗的爪爪是非常敏感的，开始时要轻柔地抚摸它们，随后再轻轻地按压爪爪。用甲钳触碰狗狗的指甲，然后再给它奖励，这样狗狗就会逐渐习惯修剪指甲。

△ 抬起尾巴
练习轻轻地抬起狗狗的尾巴，这样你就可以检查狗狗的臀部区域，也会使它习惯于这个部位被触碰。

◁ 检查眼睛
用手轻柔地把狗狗的眼睑分开，这样你就能看到狗狗的眼睛。这个过程一定要保持冷静和耐心。如果狗狗看起来很烦躁，那么稳稳地托住它的头部并放慢节奏。

"**人类**喜欢**抚摸、**抱起或拥抱狗狗，但是**狗狗需要慢慢地习惯适应，**所以它们需要**学会接受，**并最终能**享受**这些行为。"

▷ 举起
一只手托住狗狗的屁股，另一只手抬起它的胸部，慢慢地把狗狗举起来。要注意慢慢地把它举起米，这样狗狗会觉得很安全，然后小心地把它转向你的身体。

5

驯狗困境

解决训练中的问题

解决训练中的问题

在训练中经常会出现这样的状况：训练到达一定阶段后**你的狗狗罢工了，或者它似乎无法理解你的要求**。本篇主要针对训练中出现的问题并提供一些解决办法。在这个篇章里，会介绍导致训练困境的一些常见原因，了解它们会**帮助你和狗狗共同进步**。除此之外，本篇还提供了对于**狗狗拥有攻击性**这一棘手问题的解决办法，以及必要时**如何获取进一步帮助**的信息。

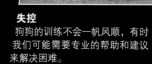

失控
狗狗的训练不会一帆风顺，有时我们可能需要专业的帮助和建议来解决困难。

无效的奖励

积极的训练方法得以实施主要是依赖于狗狗非常想要得到你给予它的奖励。因此，在你训练狗狗时，了解你的狗狗最喜欢什么和想要什么十分重要。

狗狗会在它们想要做的事和我们要求它们做的事之间做一个选择。你给出的奖励必须与你让狗狗做的任务相匹配，只有这样，奖励才能吸引它按你说的去做。如果你正在努力让你的狗狗回应你，可以增加你提供的食物分量或游戏的刺激度（108~109页），或是给它一些其他的奖赏。

◁ **过多的压力**
一块不诱人的食物，再加上主人给的过多压力，会造成狗狗对训练很不感兴趣。采用一种更加放松的方式并增加你所提供的奖励的价值（108页），状况会有所改善。

◁ **玩得开心**
与你的狗狗玩得开心，并建立良好的关系，会增加你对它的奖励、表扬和赞赏的价值，偶尔的食物和游戏能让它反应迅速。

△ **最好的选择**
弄清楚哪些食物和玩具是狗狗最重视的，并把这些食物和玩具用于复杂的任务、困难的练习以及狗狗更愿意做别的事情的时候。

"弄清楚哪些**食物和玩具**是狗狗**最重视的。**"

◁ **允许探索**

在不同环境中的兴奋或焦虑，可能会使狗狗对食物或玩具缺乏兴趣。训练狗狗克服在新环境中产生的注意力分散，给它时间让它探索新环境、熟悉新环境。

▷ **集中注意力**

如果狗狗被其他事物吸引或注意力不集中时，可以用诱人的食物或一些小游戏来吸引它们的注意力。重复几次，这样你的狗狗就能学会在外面也能专注于你们的训练。

解决训练中的问题

最佳实践

意想不到的事情总是比熟知的更令狗狗感到兴奋和有趣，所以，要让你的狗狗对它将要得到的奖励保持一种猜测的状态。如果狗狗的表现正在恶化，就奖励它一些新东西。

在你开始减少奖励，强化训练

（116~117页）之前，确保你的狗狗能理解你的话语提示。游戏必须既有奖励又有乐趣。

通过随身携带新玩具，只在狗狗有良好表现时，才有限的、短暂地让它接触到该玩具，这种方法能让新玩具变得更有价值，同时也会使狗狗更努力地获取奖励。

奖励咀嚼物

让食物或游戏的奖励变得更有价值的方法是延迟给予奖励的时间，或者用其他它们更感兴趣的东西替代。

错误的时机

　　如果奖励的时机不正确，你的狗狗就无法学会你要教它做的事情。及时奖励能够确保它下次会做相同的动作，而迟到的奖励会导致训练出现问题。

　　及时奖励是唯一让狗狗知道自己做对了（112~113页）的方法，所以确保总是给狗狗及时的奖励。使用一个奖品袋，并让奖品袋离手近一点会帮你实现及时奖励。如果奖励迟了，狗狗就不会知道它是否已做了正确的行动，也就不能学会你想要它做的事情。这可能会使你和狗狗产生混乱感和挫折感，并对训练丧失兴趣。

△ 奖励太少、太迟
如果主人的奖励太迟了，狗狗就不能理解为什么要去做那些动作并且很快就会厌倦。这样很快就会导致狗狗的冷漠和主人的沮丧。

▷ 把握好时机
集中注意力观察狗狗的行为，在需要奖励之前就准备好奖品，这样你就可以在狗狗做对你要求的动作时及时地奖励它。可以把奖品放在手里，及时喂食。即使你偶尔疏忽没有提前准备好食物，也要在你挑选食物时热烈地赞美你的狗狗，不要等到它开始思考其他事情时才开始表扬它。

△ **奖励正确的行动**

你要清楚地知道你要求狗狗做的事情，这样才能仔细地看清狗狗的行为。对不正确的行为予以奖励，将使你的狗狗无法学会你所要求的行为，比如狗狗把玩具扔在箱外而不是箱里。

◁ **奖励小进步**

在训练的早期阶段，奖励你的狗狗每一个正确的尝试。奖励狗狗向理想目标迈进的每一个小进步，然后等到下次它做出更多努力时再给予奖励。

> "**集中注意力仔细**观察你的狗狗。把**奖品放在手里及时喂食。**"

最佳实践

　　狗狗在训练时表现出态度冷漠或者情绪沮丧，这就是时机不对的征兆。如果你的狗狗在训练时试图离开或沮丧地吠叫，看看是否时机不对。

　　如果时机不对，你可能会在一些简单的训练上取得成功，但要完成复杂的任务就会很困难了。如果你不能自己把握，可以向有经验的驯犬师寻求帮助，他会告诉你如何掌握正确的训练时机。只要掌握了正确的时机，你和狗狗会期待下次训练。

察觉迹象

如果狗狗在训练中走神了，这可能是因为你错过了奖励狗狗的时机。调整你奖励狗狗的时间，狗狗的表现将会有所改进。

简化

狗狗的大脑远没有我们人类那么复杂，因此，也远不及我们聪明。虽然我们像对待孩子一样对待它们，但是有时我们还需要记住，它们需要帮助才能理解我们的意图。

为了取得成功，让狗狗更遵守你的要求，就要使训练变得简单一些。如果不这样做，就会使狗狗思维很混乱，并且对你的回应也很少。如果有必要就回到训练的上一个阶段，奖励狗狗的成功行为，这样下次它就会重复做正确的行为。

△ **表述要清晰**
主人对狗狗发出拿回玩具的指令，结果，狗狗立即跑过来但却忘记了带回玩具。这很容易使人觉得狗狗是故意淘气。

△ **帮助你的狗狗**
如果主人的要求太多太快，狗狗会很难理解主人的要求。这也会使主人很容易变得沮丧，并认为狗狗是故意不服从口令。这时狗狗需要你的帮助。

▷ **回到上一个阶段**
我们可以通过返回到上一个阶段的训练来帮助狗狗获得成功，建立信任。我们可以把一个便利贴贴在柜门上，这样能激发狗狗的正确回应，提醒狗狗要关闭它（184~185页）。

> **"温柔地提示**狗狗去完成**你的要求，**这能**帮助狗狗**获得**成功。"**

△ **指着玩具提醒它**

帮助狗狗明白你对它的要求，这有助于狗狗取得成功。当它做出正确回应时，一定要好好地奖励它。这样下次你要它把玩具拿过来时，它就会记得该怎么做了。

▷ **奖励成功**

如果你已经耐心地帮助狗狗理解了你的要求，那么为了确保你下次提出同样要求时它能做得正确，就只去奖励狗狗做出的正确行为。

最佳实践

要经常假设狗狗是因为困惑和不了解你想要什么，而不是故意悖逆、故意忽视你或者顽固。

如果狗狗没有按你的要求去做，检查一下它的状态是否良好，并弄明白它想要什么，然后回到训练任务的第一步，帮助它了解你的要求是什么。

当狗狗没有成功地完成你的要求时，你会觉得非常沮丧和生气，这很正常但没有必要。相反，不如重新去做一些它能够理解的训练并好好地奖励它。可以走开一会儿，冷静下来，当你想要通过更加认真地练习来获得成功时，再重新训练。

忽视?

如果狗狗总是试图打断或者停止训练，那么就要想办法让它明白你的要求。

消耗过剩的能量

年轻的狗狗和天性活泼的品种在它们集中精力学习之前，需要进行大量的运动。如果狗狗已经消耗掉了过剩的能量，将更容易专注于学习新任务。

如果你的狗狗处于兴奋的状态，那么它就不会长时间集中注意力。在训练前，最好通过散步、奔跑或者痛快的玩耍来把狗狗过剩的能量消耗掉。在

训练前对狗狗所进行的锻炼时间的长短取决于它的年龄和品种。不要让你的狗狗消耗过度，因为你不能让它累到不愿意参加训练的地步。

◁ **让它精疲力竭**

与训练前的运动相比，训练是久坐不动的，需要你的狗狗冷静、平和——例如静卧（192~193页）——因此要确保它已经进行了充分的自由奔跑和玩耍，用掉了它的多余的能量。

▽ **自由地奔跑**

对于一只充满朝气与活力的狗狗来说，自由地奔跑是必不可少的运动。教会狗狗在主人召唤的时候回来（124~125页），这样它就可以在安全的区域内活动而不必使用狗绳。

"狗狗消耗能量的级别取决于它的年龄和品种。"

▽ **失去兴趣**

幼犬集中注意力的时间短，所以对其进行的训练时间也要短。不要指望你的小狗狗会安静地待很久，因为它想要移动的欲望很强。

△ **思想游戏**

通过使用玩具来玩有趣的游戏，可以消耗掉狗狗的精神能量，同时也能让它的身体感到疲劳。一条年轻、活泼的狗狗更愿意在玩耍之后工作。

◁ **新技巧**

年龄大些的狗狗能够集中注意力的时间较长，可以直接进入课程，而不需要在训练之前进行过多的跑步和消耗能量的游戏。

最佳实践

如果你的狗狗很容易分心、兴奋并且很活泼的话——比如跳起来或紧追你的手或玩具——你需要在训练之前消耗掉它的部分能量。自由地奔跑和游戏等锻炼能够使它足够疲劳进而在接下来的训练中集中注意力。

在每次散步时和它玩游戏，可以增加狗狗的运动量。在散步时带着玩具比扔投掷棒让它追逐更好，因为投掷棒可能会带来危险。

在掌控之中

解开狗绳，自由地奔跑和玩耍对所有狗狗都是必不可少的运动，但必须保证它们在任何时候都在你的掌控之中，在听到你的召唤时能立即回来。

只在家中表现良好

许多狗狗在家中训练有素，但在其他地方就变得很淘气，不听话。这是训练的失误，不能责怪狗狗，你应该注意在各种不同的环境下对其进行训练。

在外面使用家里不常用到的指令可能会导致狗狗不回应你的要求。不熟悉的环境也会带来干扰，使狗狗不听你的指挥。在各种不同的地方进行所有必要的训练，使用高价值的奖品并多次反复是成功的关键。

◁ **不安稳**

如果你的狗狗能在家有访客时，安静、放松地躺好，但在朋友家中却不能做到同样的事情，那它就需要进一步的训练。和你的朋友提前约好，这样你就可以在朋友家中进行练习。这将使狗狗在不同的环境中都很安稳。

▽ **选择性不听口令**

狗狗在散步时跑掉是常见状况。狗狗可能在家里听到召唤后能立即跑来，但这并不意味着它在有其他干扰的情况下仍能听从召唤。

"**狗狗**在外面**不回应指令**，不是因为'淘气'；而是因为它们**不能集中注意力**。"

"态度友好并有耐心，选择一块宽阔的场地再次进行训练。"

◁ **训练时使用狗绳**

在狗狗对你的指令每次都能做出回应之前，你要有耐心并使用长狗绳控制狗狗。你要为狗狗准备好有吸引力的食物，坚持训练到狗狗能够把任务完成得非常好为止。

△ **困惑**

很多狗狗在观众面前不能把已经学会的技能表演好。环境的不同和陌生人的存在，使得狗狗不能理解你的要求。

△ **回归基础**

如果狗狗不能弄明白该做什么，那么回归到基础训练，通过简单练习让它明白你要它做什么。你会发现，它很快就会想起来该做什么，最终它会在各种不同的环境下做出正确回应。

最佳实践

狗狗在离家后对指令不再做出正确回应不是因为"淘气"，而是因为它们分心或不明白。这种情况是由于你缺乏在不同环境下对其进行训练造成的（114~115页），你需要在不同的地方进行训练，直到狗狗在所有情况下都表现出色。

如果狗狗离家后比较焦躁，它就需要更长的时间来回应你的要求，这是因为它正忙于关注那些可能会威胁到它的事情上。你需要态度友好并有耐心，帮它克服焦躁感后再让它为你做事（156~157页）。最终它会感觉到非常放松并乐于做出回应。

新的环境

如果你想要狗狗在任何环境下都能轻松自信地完成表演，那么在不同的环境中对狗狗进行训练是非常关键的。

坏狗狗?

如果你能以狗狗的眼光来看待这个世界，明白狗狗是如何对待奖励的，那训练中的问题就很容易解决。让它在达到你的要求后再得到奖励。

攻击源自害怕

狗狗变得有攻击性的主要原因是害怕。攻击可能是狗狗想到的让威胁消退的唯一的办法。如果一条狗狗觉得它处于极端危险之中，它甚至会咬人。

狗狗通常会对可疑的陌生人进行攻击，但狗狗在受到惩罚或者它怕人的话就会对主人发起攻击。狗狗对其他的狗狗发起攻击主要也是源自恐惧。狗狗害怕时通常会有一些迹象，但如果这无法使它们拥有足够自信，并且保护它们免受威胁的话，它们会攻击对方来保证自身安全。攻击通常会从咆哮逐渐升级到撕咬，但在很多情况下，狗狗会因过于恐惧而不发出任何警告就咬人。

▷ **"走开！"**
主人很难发现狗狗的攻击行为源自恐惧，因为狗狗疯狂地吠叫，看起来并不害怕。狗狗起先表现出的表达恐惧的肢体语言被忽略后，狗狗就会采取过激的行为。

▽ **走投无路**
如果狗狗被拴住了，那么它没有选择只能采用攻击来直面危险。大多数狗狗并不想上前去撕咬，而是努力通过警告来消退威胁。

◁ **学会搏斗**
不加控制的激烈游戏中，为了迫使其他狗狗停下来，处于下风的狗狗会变得有攻击性。如果成功，狗狗会很快学会这种行为并在类似的情况下使用。

△ 口笼

对有攻击性的狗狗采用控制措施是至关重要的。口笼有助于保证人类和其他动物的安全，但仍会造成伤害。因此对狗狗来说，良好行为的培养是十分必要的。

◁ 防止攻击行为

尽量让小狗狗接触它们成年后可能会遇到的一切事物（92~93页）。否则将会导致狗狗在陌生的环境感到恐惧，会增加咬人的可能性。

"在某些情况下，狗狗会因过于恐惧而不发出任何警告就咬人。"

最佳实践

与能使你的狗狗感到害怕的事物保持足够的距离，狗狗的恐惧感会降到最低。当你看到狗狗有痛苦或恐惧的迹象时（74~75页），立刻带狗狗离开。

不要强迫一条胆小的狗狗去"直面它的恐惧"。当发现它害怕时要重视，不要强迫它，并试着帮它找到一种方法来克服恐惧。

因恐惧而产生的攻击是一个严重的问题，你需要找一位经验丰富的宠物专家来帮助你和狗狗解决这个问题。

胆小

胆小的狗狗咬人都是因为发现自己处于有潜在威胁的环境之中。它们需要温柔的帮助来克服它们的恐惧。

引发攻击的其他原因

除了恐惧，还有很多其他原因会让狗狗争斗或吠咬。主人发现潜在的问题并采取措施消除狗狗的恐惧是解决问题的唯一选择。

大多数狗狗与我们和平相处，但偶尔它们会通过攻击性行为，来达到自己的目的，表明它们的立场。找出它们这样做的原因是解决问题的关键。为了保护食物，为了确立其在狗狗家族中的地位，或者为了避免疼痛而咬人——如被踩到尾巴，这些都是狗狗发起攻击行为的一些原因。

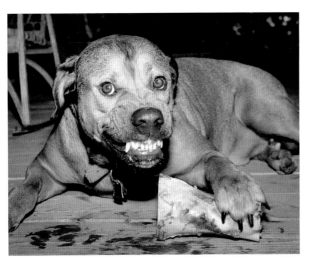

"当狗狗**沮丧**或**需要我们帮助**的时候，它们**无法用语言来告诉我们。**"

◁ **"我的食物！"**
保护食物是狗狗的天性，它们的祖先这么做是为了防止饥饿。我们对其进行的训斥会使问题更糟。它们需要被温柔地告知，我们对它们的食物没有威胁。

▽ **"看着它！"**
如果你的狗狗对其他狗狗表露出攻击意图，应尽量减少产生冲突的机会。不要松开狗绳，与其他狗狗保持距离，让它专注于你。也可以寻求专业驯犬师的帮助。

▽ **"分开！"**

如果家中有两条狗狗，打架是经常性的，未结扎的狗狗博斗会更频繁。主人可以通过对狗狗们加强管教力度和给其做绝育来解决问题。宠物专家也可以为你的狗狗提供专门的评估和治疗方案。

▷ **"哎哟！"**

敏感的狗狗在被梳理毛发时可能会感到疼痛、不快，并采用攻击的行为来让主人知道。因此，梳理时的动作要轻柔，让狗狗感觉到你不会伤害它。慢慢地梳，不要拉扯，尽量缩短梳理时间都是有用的办法。

最佳实践

狗狗表现活跃，或者爱咬人，很大程度上取决于它的品种。有些品种的狗狗在采取攻击行为之前，就可以采取其他方式应对局面，而其他的品种则更易发怒。舒适度也会影响狗狗的攻击性，当狗狗感觉非常热，非常饿或者非常累时，都会更容易发生攻击行为。

许多主人对狗狗的策略是以暴制暴。这会加剧狗狗的攻击性并破坏狗狗与主人之间的关系。有经验的宠物专家会帮助你找到合适的解决方案。

不稳定

猎犬被培育得勇敢、好动，所以它们多数都会有攻击倾向。因此，猎犬需要良好的社会化教育。在能够刺激到它们的环境中，应该迅速地将其带离。

答疑解惑

　　尽管训练课程计划得很好，主人也很有耐心，但是有时狗狗还是不能出色地完成预期的动作。下面是一些训练中的常见问题，并附有如何解决它们的建议。

问题 我的狗狗从公园回家时能被好好地牵着，但在去公园的整个路上它都会拉扯狗绳。我怎样才能解决这种状况呢？

答案 它拽狗绳是为了能更快地到达公园，所以你需要做的是在它拽狗绳时走得更慢——因为你需要停下来让它等待。它需要明白如果它让狗绳松弛，你会走得更快。从你把狗绳拴在它的项圈上走出门时就开始这个练习（134~135页），只要沿着这条路散步就开始训练。开始时可能需要花费很长时间才能到达公园，但是通过练习，停下来的次数会有所减少，并会更快到达公园。第一次来公园时可以玩一些特别消耗精力的游戏让它疲劳，这样能够减少它想跑到公园来运动的兴趣。

> "你的狗狗**做对了动作**就好好地**奖励它**。"

问题 当我要狗狗在与我保持一定距离的地方坐下来时，它会走到我身边坐下来。我怎样才能教会它每次都坐在正确的位置呢？

答案 这是因为以前你把所有的奖励都放在你旁边的地上，这样当你让它坐下来时，它会再次尝试这么做——它认为走向你才会有奖励。教狗狗明白只有它在目前的位置坐下来才能得到奖励（152~153页），就能防止它朝你走过来，直到它明白了你的意思。当它朝你走过来，或开始慢慢地往前爬时，不要发脾气。

问题 我想教会我的狗狗叼着玩具跳跃，但是它一直丢掉玩具。我应该怎么做？

答案 这是非常正常的现象，因为当狗狗集中精力在一件事情上的时候，会忘掉另外的事情。分开教跳跃（168~169页）和寻回（136~141页），直到你的狗狗可以不用怎么集中注意力就能轻松地做好每个任务。如果它在跳跃之前扔掉了玩具，不要奖励它，相反，立即把它拉回到玩具前，让它重新"取回"，然后再让它跳跃（开始时跳得低些）。

你必须温柔地重复训练直到它完全掌握，然后再热情地赞美它。

问题 我的狗狗能够把玩具叼回来，但是不放下。我该怎么做？

答案 有些狗狗非常喜欢占有一个玩具，玩具对它们的吸引甚至大于追逐。因此，让它们放下玩具很难，因为你拿走了它们喜欢的东西（类似于有人从你手里拿走钱却不再还给你）。可以通过给它一些它更想要的东西鼓励狗狗把玩具还给你，比如食品或它最喜欢的玩具。它或许会发现主动把玩具给你比你强行拿走会更好些。让它相信即便它把玩具给你，你也会还给它，或者再把玩具扔出去让它追着玩。

问题 当我让狗狗装死时（166~167页），它会把尾巴卷在背上摇摆。我怎样让它做到我想要的状态呢？

答案 这真是很有趣。为什么不把它加到指令中呢？这样下次你就可以要求它这么做（110~111页）。当你教它练习装死的把戏时，用食物诱惑你的狗狗做出正确的姿势，然后在大家的认可和笑声（108~109页）中去奖励它，因为这足以表明它做得已经很成功。

开始时，要马上奖励狗狗做出的"装死"姿态，之后逐渐过渡到它必须保持一定的时间才能得到奖励。如果时间过久，它又把尾巴卷在背上摇动，不要笑，耐心地重新引导它摆出正确的姿势，并好好奖励。

答疑解惑

问题 我很努力地教我的英国塞特犬玩游戏，但是它不感兴趣，我该怎么办？

答案 游戏源自于捕猎行为的练习。你可以使用一个小巧并能快速移动的小动物玩具来刺激你的狗狗去追赶。用狗绳牵着狗狗，然后拿长的草茎绑住一小块羊皮，在狗狗面前来回晃动吸引狗狗追着它猛扑。不规律地晃动小羊皮，时而让狗狗看到，时而藏起来。在狗狗感到厌烦前停止游戏，过一小会儿再重新尝试。你会发现这个小而有趣的训练能够激发它的兴趣，然后就可以逐渐在游戏中使用玩具。

问题 我的狗狗非常喜欢和人待在一起，在我召唤它回来之前它就已经跑向别人。我如何训练它回来呢？

答案 狗狗拥有社会性的缺点就是它非常喜欢人，有时会很难阻止它们在散步时跟遇到的人打招呼。训练狗狗在征得你的同意后再去做别的事情（150~151页），用一条长狗绳，但是当心不要绊到它和其他的人。无论何时只要它想和其他人打招呼时，就用狗绳轻轻地把它拉回来。它回来后就好好地奖励它，即使是你把它拉回来的，然后再允许它在可控范围内跟你觉得合适的人打招呼。

> "允许它在你的**控制下**和**其他人打招呼。**"

问题 当有客人到访时，我的狗狗不愿意"去睡觉"。我应该怎样教它做到这点呢？

答案 这是由于狗狗觉得你让它去睡觉的奖励不如它跟客人交际更有吸引力。你需要提高让它待在床上的奖励——给它一块可口的点心——或者满足它爱交际的愿望，训练它礼貌地和客人相处。你也可以尝试等到狗

"给它一块**诱人的咀嚼物**……或者教它礼貌地待客。"

狗对访客到来的兴奋平息后，再让狗狗去睡觉，这能提高它积极回应的可能性。或者使用一个隔离带来坚持狗狗按照你的要求去做（118~119页）。

问题 当我让狗狗把狗绳拿来时，它会在找到链子之前把它所有能找到的东西都拿过来。我应该如何教它在开始就做出正确的回应？

答案 把狗狗拿来的所有东西接过来但是不给任何奖励。当它

把狗绳拿来时，好好地奖励它。通过这种方法，它很快就会明白拿其他的东西是没有奖励的。简单地说，就是对狗狗进行认识狗绳的训练（178~179页），直到它能理解狗绳这个词语，然后再添加其他东西，帮它正确地找到狗绳。

问题 我喜欢和朋友分别带着自己的狗狗去散步，可是我的狗狗会拉拽狗绳，使得散步很不愉快。我怎样才能阻止它这么做？

答案 训练你的狗狗在任何情况下散步时都能保持狗绳松弛（132~135页）。可以请朋友帮忙一起训练。当你训练狗狗走在你旁边时，让你的朋友在以你为圆心的大圈内随意走动。坚持这样的练习直到它能安静地待在你的旁边。然后让它和其他狗狗平行地走，反复练习，你要与朋友走得慢一些，这样它就不会离你太远。

6

户外
相关事宜

运动与乐趣

运动与乐趣

运动能够为狗狗和主人带来刺激的体验和无限的乐趣。这里有很多的选择，你肯定可以找到一个适合你们俩并能给你们带来长时间快乐的运动。**前面章节的训练**已经使你的狗狗能够理解许多指令并作出回应，为参与这部分的训练奠定了基础。犬类运动为**进一步训练提供了一个框架，**在这个过程中可以帮助你学习**新的训练技能**并培养一个有趣的业余爱好。本章介绍了**各种各样可供选择**的犬类运动，以及你和狗狗**如何去适应你们所选择的运动。**

水中搜寻
一旦狗狗学会怎么游泳，它们就会非常喜欢游泳，并且这是一个好的运动，不会给狗狗带来受伤的风险。

参与

　　狗狗能参与的体育活动都是很好玩的，可供选择的种类也很多。你的狗狗一定会爱上运动带来的激情和锻炼。每项运动都是从不同的角度进行训练，从中你可以提高训练的技能。

　　如果你已经完成了前面章节中给出的基本训练，那么你和狗狗就可以从众多运动中选出一种开始训练。犬类运动有训练的目的和目标，并能真正提高你的训练能力和知识。犬类运动能让你结识有共同兴趣的新朋友，并且

▷ **敏捷性训练**
在对狗狗进行急速转弯的敏捷性训练课堂上，主人和狗狗需要互相配合，并且都要很灵活。为了保证比赛的公平，体型小些的狗狗跳跃的高度要低一些。

当你达到竞争阶段时，能够带你到以前没有去过的很多地方。如果你采用积极的训练方法，并保证你的训练对于狗狗来说总是很有趣的，它将会愿意参与进来。参与犬类运动将为狗狗提供锻炼和消耗其精神能量的机会。

△ **明星表演**
拥有社会性的狗狗喜欢被关注、喜欢各种活动，并且喜欢犬类运动表演，它们享受展示自我和竞赛的气氛。

它会变得更健壮、更聪明，你们之间的关系也会变得更坚固。你与狗狗在配合中去实现目标，特别是狗狗在你的训练下取得成功，将会带给你们无与伦比的喜悦。

> **"你的狗狗会变得更健壮、更聪明，你们之间的关系也会变得更坚固。"**

◁ **急速枪猎犬**
国家展览会常用速度竞赛来测试枪猎犬的工作能力。这些项目是非正式的，组织者有时会允许其他品种的犬类参加。

▽ **互相影响**
有些运动是需要主人和狗狗付出一样的努力的，只有精力充沛的主人才能够参与进来。狗狗和主人都需要逐步地适应。

▷ **飞球**
按一下踏板来释放一个球是飞球的重要技能。所有品种的狗狗都能参与，但赢家通常是行动迅速、态度积极的狗狗。

练习至关重要

在犬类运动中练习是取得成功的秘诀。在竞赛中，教练如果紧张，狗狗就会感受到，表演也可能会受到影响。解决这种问题的唯一办法就是训练狗狗在任何情况下都能自动做出反应。这需要通过反复练习才能做到完美。找块你能放置必要设备的地方在家里训练是必需的。训练要频繁，因为你付出的时间长短会产生成功与失败两种截然不同的结果。

哪项运动？

选取最吸引你的运动。234~245页将向你展示出一些最受欢迎的运动，其中也有一些不太常见的运动。你决定选取哪种运动通常取决于你所在的地区适合于哪种运动。参加比赛需要学习必备的技能，尤其是准备去参加全国各地举行的竞赛时。想要了解关于这些运动的更多信息，可以登录互联网，联系养犬俱乐部或者购买关于狗狗的杂志。绝大多数比赛都需在养犬俱乐部注册，所以与之取得联系可以获取到哪观看比赛的信息。比赛过后与对手的切磋能使双方都学到更多。

通过关注节目广告和当地宠物工作室的课程，以及宠物商店或食品供应商提供的信息，了解你所在

地区有哪些可以参加的运动。

可以向当地犬类保健专业人员，如宠物医生、美容师或者遛狗的人咨询你所在地区的各种俱乐部的信息。养犬俱乐部可能有一些较大俱乐部的名单，但不会很全。

如果你选择的运动在你所在的地区还没有俱乐部的话，那么参加一个初学者课程。网站上经常有此类广告。教学标准会有所不同，因此求教于名师是一个好方法，可以让你从 开始就走上正确的道路。

选择适合的运动

犬类运动要求狗狗和主人的身体必须适应并且做好迎接挑战的准备。狗狗想要获得良好的身体状态需要花费一定的时间和精力，要慢慢地进行，允许身体有时间去适应。

准备工作

所有的犬类运动都需要保持活跃并精力充沛，这就需要你的狗狗身体健康并强壮。你必须要有一个非常积极的生活方式，这是你的狗狗可以健康、强壮、有耐力的关键，也只有这样它才能应对严苛的新运动而不会伤到自己。

不同的运动需要不同的身体素质，你需要就你选择的运动仔细询问专家。他们还会就狗狗身体如何达到这种水平给你一些有价值的建议，并帮你制订一份切合实际

的日程表。在开始按照这份运动日程表训练之前，你的狗狗需要是正常的重量（78~79页）。如果你的狗狗超重，就逐渐缩减它们的食物量并增加锻炼。减肥要渐进，这是非常重要的，因为突然的变化会对你的狗狗产生伤害并让它们感到痛苦。在开始一项减肥计划之前要咨询你的宠物医生。

此外，一条强健的狗狗需要一个健壮的训练者，所以不要忽视你自己的健身计划。你需要记

▽▷ 瘦身
超重的宠物（右）在跑、跳、玩耍等方面都很费力，并且很容易疲劳。它们需要逐渐缩减食物摄入量并增加锻炼直到它们体重正常（下图）。

> "与之前你和狗狗进行的运动相比，**新的体育运动**会锻炼**狗狗**不同的**肌肉组织**。"

△▷ **进行锻炼**
玩玩具是一个很容易让狗狗配合的方式。教会你的狗狗找到球并踢回给你，但不要让它跑到精疲力竭。

住在进行任何剧烈的活动之前，你和狗狗都要进行充分的热身运动。

△ **慢跑**
与狗狗一起慢跑是一项很好的锻炼，能够提高耐力。你要和你的狗狗付出一样多的努力，所以很容易知道该何时停下来。

重复练习的个别动作设置运动次数上限。

足够，可是它却无法告诉你，一般情况下，如果主人继续让狗狗练习，大多数的狗狗是不会停下来的。因此，在有经验的人士或者你的宠物医生的帮助下制订一份稳定的耐力训练计划是非常重要的。逐渐增强耐力需要较长时间，但是缓慢地锻炼肌肉和肌腱可以免除不良运动带来的伤害。

加强体能

与之前你和狗狗进行的运动相比，新的体育运动会锻炼不同的肌肉组织。让这些肌肉强化到足够让你们能轻松地去做这项运动需要花费一定的时间。让你的狗狗反复跳跃，或者追逐一个飞盘，直到它习惯了这种运动，它的肌肉才不会感觉到僵硬和疼痛。出于这个原因，控制住你的热情并记住你的狗狗正全力以赴！尝试提前设计好练习计划，对每天

增强耐力

一些运动需要狗狗在休息前保持耐力长达数小时——甚至数天。许多品种的狗狗是有能力做到这一点的，但在进行较高水平的表演之前，仍需要花费时间来逐渐增强它们的耐力。

有时运动量对狗狗来说已经

▷ **适应生活**
犬类运动需要狗狗和训练者都身手敏捷、身体强健。通过练习，让身体逐渐达到这些要求有助于防止受伤。

敏捷性训练

狗狗的敏捷性训练是一项涉及技巧和速度的运动，需要狗狗穿过各种各样的障碍，有时被称为"狗狗跳高秀"。这种运动越来越受欢迎，这对于你和狗狗来说也很有趣。

备受狗狗和主人们喜爱的机敏性运动是一项涉及技巧、动作和娱乐的运动。狗狗要学会跨越不同的障碍，并且一旦它们学会如何应对这种设备，它们就开始与时间赛跑。在比赛中，狗狗跨越不同难度程度的障碍，在每个类别中，以速度最快和准确度最高的狗狗获胜。大多数敏捷性训练可以在家中进行，需要的设备较少。然而，加入一个俱乐部是至关重要的，这样你可以掌握每个错综复杂的障碍，并提供给你一个使用设备的机会，如让狗狗走人字形步等。

一个良好的训练课程和俱乐部会不断地鼓励你，帮你找到参加竞赛所需的全部信息。在狗狗生理成熟之后再开始训练是非常重要的。早期跳跃会损坏狗狗成长中的骨骼和关节，所以不鼓励小狗狗在12个月之前进行跳跃训练。小于18个月龄的狗狗是不允许参加敏捷性比赛的。

▽ **学习跳跃**
在家里就可以练习跳跃。"迷你犬"设置的跳跃高度要低些，这样它们与体型大些的狗狗所进行的竞争才是公平的。

△ **隧道穿越练习**
刚开始训练隧道穿越时，准备的隧道尽量短一点，这样能鼓励狗狗去尝试。像西部高地猎犬，如果训练进展得慢一点，它会更快获得自信。

套圈
这个套圈挂在一个架子上。狗狗要学会准确地判断高度，这样它们才能顺利地通过。

▷ **隧道**
隧道可以是直的、弯曲的、坚硬的或帆布制成的等各种形式。一旦狗狗掌握技巧，它们穿过隧道的速度就会非常快，因此隧道需要被固定住以便保持稳定。

◁ **向前看**
当狗狗和训练者在跨越障碍时，就已经需要开始思考如何跨越下一个障碍物。一条训练有素的狗狗会跑在主人前面，为主人引导方向。

▽ **迂回杆**
狗狗必须从右侧进入，期间迂回进出，直到没有遗漏任何杆子到达终点。狗狗慢慢地完成此项任务很容易，但是加速后就会变得很困难。

△ 跷跷板

跷跷板会来回升降，狗狗要学会跑上来，并用它们的体重使跷跷板保持平衡。它们要用脚碰触两端黄色的区域，所以它们需要做到既准确又迅速。

运动与乐趣

◁ 跳跃

跳跃比赛中，精确是衡量的标准。整个跳跃比赛过程中设置了许多弯曲和转弯等形式的障碍，如果狗狗拐弯时角度太小，就会因把障碍物碰倒而扣分。

▷ **完美的和谐**

这条狗狗在和主人
同步、和谐、快乐
地表演。这张图片
完美地体现了运动
形式的自由——你
甚至可以听到音
乐。与所有表演相
同，长时间的排练
是成功的关键。

▽ **基本流程**

流程就是一步一步
进行，并一直练习
到能够出色完成。
必须做到每个部分
都能够快速和准确
地完成时才能把所
有部分综合在一
起，最后加入音乐
配合。

与狗狗自由地共舞

在音乐中表演，或被称为与狗狗共舞，这项运动非常受欢迎。它将狗狗的运动与音乐结合起来，呈现出一场优美的演出——给狗狗和主人带来极大的乐趣。

狗狗伴随着音乐站立起来是20世纪早期英国开发的一项狗狗运动，向公众展示了狗狗有趣的站立起舞，并在全球迅速蔓延开来。这项运动逐渐地发展，如今，自由表演已经被广泛运用到了其他演出形式中，如狗狗用直立的方式移动——离开训练者身边，跳跃，旋转，用两条腿走路。自由表演比简单站立看起来更有趣，是最流行的犬类比赛形式。参赛的狗狗在主人为它们所选取的音乐中展示规定动作，表演时间长达4分钟。从狗狗在运动表演中的准确性、执行力和对音乐的诠释度几个方面来评判表演内容（使用多种舞步能获得较多分数）。

▷ **可以使用多种道具**
自由表演允许使用道具，如跳绳、手杖、跳圈和帽子，来帮助展示更精致的表演动作。一系列有趣的人性化表演，能够得到较高的分数。

许多训练俱乐部现在都向初学者提供一些课程，狗狗运动的流行使得你很容易找到一门课程来开始训练。所有的训练都需要奖励和鼓励，因为如果狗狗自己不愿意参加，那么很难让它们做出一系列的动作。自由表演适用于所有品种的狗狗和各个年龄段的训练者。它适用于喜欢重复并能达到演练要求的狗狗和节奏感很强的主人。狗狗和训练者的身体都要健康、灵活才能适应这项运动。这些动作都很容易教授，但需要基本的训练基地；那些已经与狗狗建立良好的伙伴关系的队伍比较有优势。本书中的练习部分（122~185页），提供了完美的训练基础。

> "训练要让**狗狗**和**主人**都能得到**享受**，接受过训练的**狗狗**在**听到**训练的音乐时会变得很兴奋。"

飞球

飞球很有趣并且非常令人兴奋，不过需要旺盛的精力。狗狗分队赛跑，跳跃一个小障碍到达飞球箱，踩踏飞球箱的踏板，飞球箱会投出一个球，它们必须赶在再次跳障碍前追到飞球并把球带回给它们的训练者。

飞球是一项相对较新的运动，起源于20世纪60年代的加利福尼亚州。由于它很受欢迎，现在已经风靡全球。

飞球箱是一台机器，当狗狗按下踏板时就会启动，将一个网球抛向空中。狗狗需跑过四个系列障碍才能到达这个盒子，一路跳跃，然后按下盒子的踏板，释放出球。

狗狗抓住球后叼着它越过障碍，返回到训练者处。一旦第一条狗狗回来了，第二条狗狗就会被释放，一直到这组中的四条狗狗都已跑完。如果一条狗狗失败——例如，跑着绕过了跳跃部分，或没有捡回球——就需要重新跑直到完全做对。直到小组里所有狗狗都正确地跑完比赛才能结束，第一个成功完成的小组就是获胜组。竞赛进行得越来越激烈，获胜者会刺激其他小组加快速度，直到最终剩下两个参赛组。

飞球是一个很好的观赏性体育运动，狗狗和主人都能享受竞争的乐趣。活跃的狗狗都可以参与，培训相对容易。训练最困难的部分是阻止狗狗抄近路，从障碍旁跑过而不是越过。这个运动适合社会型的主人享受成为团队一分子的成就感，且特别适合喜欢寻回的犬类。

> **"飞球是一个很好的观赏性体育运动，狗狗和主人都能享受竞争的乐趣。"**

△ **越过障碍**
所有的障碍物都被漆成白色，上面有棉垫，防止狗狗不小心撞在上面。在培训过程中，"侧板"是防止狗狗们绕过障碍而不是越过它们。

▷ **飞球箱**
有许多不同种类的飞球箱。一些在狗狗按踏板时启动，将球抛向空中，而另一些则让狗狗跑上一个有软垫的板上，在它们转身时球会发射。

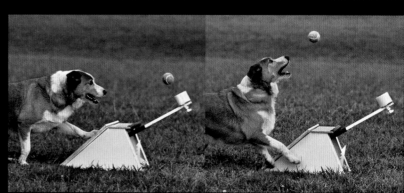

有趣的飞球
狗狗喜欢奔跑的速度和激情。成功的狗狗不仅快还准确，但观众却喜欢狗狗跳跃失败或把球丢下的瞬间。

服从和工作能力测试

服从和工作能力测试是两种较高级的运动。它们都有较简单的入门技巧，有利于狗狗和训练者轻松入门。这些运动主要面向高级培训师，他们喜欢一个真正合格的伙伴给他们带来的享受。

服从

不同的地区会有不同的规则和练习方式，但对初学者来说都是从易到难——到达较高的阶段时，对狗狗和主人的要求都会变得更严格。服从训练包括让狗狗在戴狗绳和不戴狗绳的情况下都能跟随着你、召回、原地不动或搜索。更高级别可能需要进行召回、跳跃、派遣、远程控制和气味辨别的训练。服从训练俱乐部很容易找到，它们能帮助初学者展开训练。一定要找那些使用积极训练方法的俱乐部，在这里狗狗和主人都能比较放松，学习也会更容易。这项运动竞争非常激烈，狗狗需要达到一个较高的水平。

在服从比赛中，运动必须精密、准确才能得分。爪爪运动的点会决定得分或失分，所以这个运动适合注意细节和精确性的主人。

工作能力测试

工作能力测试与警犬的训练类似，虽然像"人类那样工作"只有在狗狗达到最高级别时才会涉及。狗狗和训练者分为5个区分阶段，且只有在公开锦标赛合格之后才能进入下一个阶段。练习分为3个部分：

■ 鼻子嗅探：狗狗要沿着一个约2.4公里（1.5英里）长的轨道嗅探，并找到轨道中的两种东西。其他关于鼻子嗅觉测试的工作是在一个指定的区域进行搜索，找到位于其中的任何携带人类气味的物品。

■ 狗狗敏捷性测试：需要狗狗跨越一个1米（3英尺）的跨栏，一堵1.8米（6英尺）的围墙，并完成2.7米（9英尺）的跳远。

■ 控制转弯：包括跟随、派遣、搜索、待命、听到枪声时保持静止，等待发出命令。

△ **服从跟随**
狗狗参加跟随竞赛时，主要考察狗狗能否始终紧密地跟随主人。如果狗狗和主人之间有任何的空隙都是扣分点。

▷ **寻回**
寻回哑铃在比赛中很常见。在服从、搜索、移交、呈递和完成时必须精确。弯曲地坐着或者吠叫就会失分了。

> "工作能力测试包括的练习项目类似于警犬训练。"

▷ 跳远

这些障碍物看起来似乎很长，但大多数狗狗能轻松地跳过。尽管障碍物是由一个个单独的部分组成，但被设计得让狗狗看起来非常立体。

△ 追踪

这条狗狗正在跟踪一种气味：压碎的植物、留有痕迹的土壤、皮肤细胞和服装碎片所留下了种种痕迹。痕迹的状况会受风、雨、干燥度和地面温度的影响，这些因素也会干扰狗狗的判断。

◁ 横越

一条狗狗必须在得到命令后跳跃障碍，在另一边着地后等待主人召回。狗狗从这个高度落地可能受伤，除非它们已非常适应这种运动。

枪猎犬的工作

工作、旷野追踪等特性都保留在枪猎犬的血统里，其他类型的狗狗是不能做到的。枪猎犬是为数不多的原始技能还在被继续利用的狗狗之一。

枪猎犬的旷野追踪和工作测试通常在夏季的几个月内举行。测试只使用帆布制的模型，并不是真实的游戏。其余的时间，枪猎犬需要辅助狩猎。

如果你觉得这个辅助射击游戏令人反感，旷野追踪更接近于枪猎犬的真实工作，它们会把鸟类或动物驱赶到你的射程内。旷野追踪主要为了检查狗狗作为枪猎犬的实际工作能力，你将能接触到那些乐于狩猎的人群。

旷野追踪和工作测试设计类似，大多都是在旷野中射击一天，测试狗狗所有的特性。枪猎犬的品种可以分为巡回犬、西班牙猎犬、指示犬、雪达犬和"搜寻、指示、寻回"品种（HPRs）。有

△ **试练**
帆布制的模型，体重大约等同于猎鸟，在旷野追踪和工作测试中用来代替猎物。

专门提供这些测试的组织，非正式的组织也十分有竞争力。

枪猎犬的旷野追踪和工作测试是一种发现狗狗潜力的好方法，也会给你一些训练目标。这项工作对于专门为此目的培育的枪猎犬来说十分容易，最困难的是如何在它们沉溺于自己想做的事时控制它们。

> "**枪猎犬的旷野追踪**和工作**测试**是一种**发现狗狗潜力**的好方法，也会给你一些**训练目标。**"

◁ 指示

波音达猎犬和雪达犬都是为猎人定位鸟类位置、方便猎人射击而繁育的，它们用特定的姿势无声地为猎人指出方位。狗狗要保持特定姿势直到猎人给出他已准备好的信号，然后它们就把鸟儿惊飞。

△ 驱赶

西班牙猎犬是用于玩枪击捕猎游戏而繁育的品种。它们忙碌而活跃，能持续奔跑，嗅出鸟类位置并惊飞它们。不同品种的猎犬有不同用处：一些用于深度搜寻，另一些用于开阔的地面或水域。

运动与乐趣

△ 搜索

在水中的搜索游戏需要力量和耐力。狗狗必须有强烈占有欲来驱动，这样它们才会游很长一段距离去捡回打落的鸟儿。在返回后，它们还得愿意把猎物交还给猎人。

▷ 控制

枪击可能会带来危险，为了避免狗狗受伤，枪猎犬必须在所有情况下都能被控制。枪猎犬必须按指示工作，而不是按自己的意愿。它们必须有强烈的工作愿望，但也要完全愿意接受主人指示的方向。

其他运动

除了比较流行的狗狗运动外，你们也可以加入一些不太知名的运动。哪种运动适合你取决于你拥有的狗狗、个人偏好以及你的能力。

不知名的狗狗运动有时受限于狗狗的品种。例如，只有阿富汗猎犬可以参加阿富汗猎犬赛跑；通常情况下，只有纽芬兰犬和杂交品种适合水上运动；侦探猎犬可以参加侦探跟踪测试而伯恩山犬可以参加拉车比赛等。

有些运动向所有狗狗开放，但又有能力和健康状况等方面的限制。例如，只有活跃的狗狗可以参加自行车、滑雪或雪橇犬比赛。同样，只有在主人的身体条件具备参加耗体力的运动时，才可以参加越野赛或与狗狗徒步旅行等。选择哪种运动取决于你和狗狗的身体条件以及你的个人爱好。此外，你的选择某种程度上还取决于你所在的地区可以进行什么运动。不过，如果你很喜欢体育运动，总会有办法的。不能否认，当你很想进行滑雪运动，而居住的地区却没有雪时会很麻烦。你可以选择拖曳自行车运动来代替，前提是你在附近能找到适合的道路或轨道。

户外相关事宜

◁ **狗狗接飞盘**
狗狗接飞盘比赛是让狗狗远距离捕捉飞盘。还有一种自由式的比赛，主人和狗狗可以选择曲折的路线来捡回抛出的飞盘，从而获取更多的分数。

"选择哪种运动取决于你和狗狗的身体条件以及你的个人爱好。"

△ **纽芬兰救助犬**
纽芬兰犬擅长水中救援。在专业俱乐部，它们能学会在水中搜索和更艰巨的工作，如营救人类和船只等。

◁ **阿富汗猎犬赛跑**
对于喜欢看到自己的狗狗奔跑，并想给狗狗创造一个在安全的地方比赛的主人来说，这是一个有趣的项目。狗狗要带口笼，防止因高度兴奋而受伤。

◁▽ **拖曳**

狗狗拉自行车或雪橇而主人保持平衡的艺术已经发展成一项有组织的运动。狗狗利用附加在挽具上的两条锁链来拖曳奔跑。这项运动非常适合喜爱奔跑的狗狗。

△ **护卫运动**

护卫运动如防卫警戒犬（护卫犬）在较高级别的驯狗师那里颇受欢迎。声誉卓著的俱乐部能避免狗狗因学习护卫而学会攻击。

▷ **狗狗徒步旅行**

狗狗徒步旅行运动没有强烈的竞争性，喜欢长距离散步的主人可以选择。

△ **越野**

在越野运动中，用绳子把主人和狗狗（或多条狗狗）系在一起，由狗狗带着主人跑一个计时越野。比赛有不同级别，可以适合所有健康水平和能力的狗狗参加。

雪橇犬

爱斯基摩犬（Huskies）是最快、最高效的雪橇狗，因为它们就是为了拉雪橇而繁育的品种。其他类型的狗狗也喜欢长距离、快速奔跑的刺激，很容易被培训来参加这项比赛。

致谢

作者衷心感谢以下人员：所有热心、心甘情愿地提供给我有关狗狗训练和行为知识的人，包括约翰·罗杰森，伊恩·唐拔，已故的约翰·费舍尔，托尼·欧彻特，卡拉·纽温休泽恩，等等。我还想感谢鲍勃·布罗德本特和克里斯·格洛弗，他们在我不在的时候，帮我组织狗狗和它们的主人拍照。也谢谢你，多林·金德斯利出版社的维多利亚·威金斯，在我找不到方向时，用你专业的知识和耐心帮助我。最后，我要感谢我的狗狗，凡是我所认识和喜爱的（尤其是在本书图片中多次出现的，我美丽的司柏德）以及那些我尽力帮助过的和在我生活中给予我欢乐的狗狗。如果没有从它们身上学到这些知识，我永远不能写出这本书。

图片来源

The publisher would like to thank the following for their kind permission to reproduce the photographs:
l=left, r=right, t=top, c=centre, a=above, b=below.

18 Alamy Images: Dave Porter (bc). **FLPA:** Mike Lane (cr). **36 Getty Images:** Altrendo (br). **38 FLPA:** Imagebroker/Stefanie Krause-Wieczorek (clb). **39 Alamy Images:** Duravitski (bl). **Corbis:** Jim Craigmyle (br). **42 Alamy Images:** Juniors Bildarchiv (cla). **Corbis:** Sygma/Yves Forestier (tr). **52 Corbis:** Reuters/You Sung-Ho (br). **71 Alamy Images:** WoodyStock (c). **210 Corbis:** Lynda Richardson (br). **FLPA:** Erica Olsen (c). **212 Getty Images:** Iconica/Michael Cogliantry (cl). **223 Alamy Images:** Arco Images GmbH (c); PetStockBoys (t). **www.chillpics.co.uk/ www.canix.co.uk:** Shane Wilkinson (cr). **236 FLPA:** Imagebroker/Alexander Trocha (cl). **Still Pictures:** Biosphoto/Klein J. & Hubert M.-L. (bc) (br). **237 Rex Features:** Keystone USA/SB. **240 FLPA:** Imagebroker/Thorsten Eckert (br). **241 Alamy Images:** Ashley Cooper (bl); SHOUT (cr). **Still Pictures:** Biosphoto/Klein J. & Hubert M.-L. (tr). **243 Alamy Images:** Arco Images GmbH (c); Daniel Dempster Photography (tr). **FLPA:** Minden Pictures/Mark Ray Croft (tl). **244 Photolibrary:** Juniors Bildarchiv (bl) (bc) (br). **Rex Features:** Ken McKay (t). **245 Alamy Images:** Sherab (cr). **Photolibrary:** Juniors Bildarchiv (bl) (bc) (br). **246 Alamy Images:** blickwinkel (br); Shaun Flannery (bl). **Getty Images:** Stone/Sven Jacobsen (cl). **247 Alamy Images:** Ultimate Group, LLC (bc). **iStockphoto.com:** Rolf Klebsattel (clb). **PA Photos:** AP Photo/Lewiston Sun Journal, Jose Leiva (tr). **Rex Features:** Newspix/Jody D'arcy (tl). **www.chillpics.co.uk/ www.canix.co.uk:** Shane Wilkinson (br). **248-249 Photolibrary:** Joel Sheagren

All other images © Dorling Kindersley
For further information see:
www.dkimages.com

"训练是一个伴随终身的过程。抽出时间，定期进行你们都能享受到快乐的训练，你就会拥有一条非常优秀的狗狗。"

格温·贝利